高等职业教育交通土建类专业新形态教材

工程测量综合实训

（配实训记录本）

（第2版）

主　编　丁烈梅
副主编　李培荣　郭超祥
参　编　何雄刚　史永宏
主　审　许路成

北京理工大学出版社
BEIJING INSTITUTE OF TECHNOLOGY PRESS

内 容 提 要

本书根据新标准、规范，结合近年来道路测量、勘测技术的发展，以及道桥专业和道桥专业群的有关教学要求编写，是道桥专业"工程测量"和"道路勘测设计"课程的后续综合实训配套教材。全书由实训须知、地形图测绘实训、道路勘测实训、工程测量员考核强化训练四部分组成，并配套《工程测量综合实训（第2版）》记录本。

本书可作为职业本科道桥、市政、测绘专业的"测量实训"与"道路勘测实训"教材，也可作为高等职业院校道桥、测量、市政、检测、养护、造价等专业的测量综合实训教材，以及相关专业工程技术人员与测绘工作者的学习参考书。

图书在版编目（CIP）数据

工程测量综合实训 / 丁烈梅主编. -- 2版. -- 北京：北京理工大学出版社，2024.4

ISBN 978-7-5763-3807-2

Ⅰ.①工… Ⅱ.①丁… Ⅲ.①工程测量－高等学校－教材 Ⅳ.①TB22

中国国家版本馆CIP数据核字（2024）第076491号

责任编辑： 王梦春　　**文案编辑：** 辛丽莉

责任校对： 周瑞红　　**责任印制：** 王美丽

出版发行 / 北京理工大学出版社有限责任公司

社　　址 / 北京市丰台区四合庄路 6 号

邮　　编 / 100070

电　　话 / （010）68914026（教材售后服务热线）

（010）68944437（课件资源服务热线）

网　　址 / http：//www.bitpress.com.cn

版 印 次 / 2024 年 4 月第 2 版第 1 次印刷

印　　刷 / 河北鑫彩博图印刷有限公司

开　　本 / 787 mm × 1092 mm　1/16

印　　张 / 15.5

字　　数 / 373 千字

定　　价 / 45.00 元（含记录本）

PREFACE

第2版前言

发展职业本科教育是建设现代产业体系、提高制造业核心竞争力、培养适应数字经济健康发展的技术技能人才的迫切需要，也是提升职业教育吸引力、有效缓解社会教育焦虑、实现更高质量更充分就业的迫切需要。正是在我国大力发展职业本科教育的背景下，为满足职业本科道桥专业及道桥专业群相关专业工程测量综合实训的需要，具有多年实践教学经验的专业教师与行业企业专家对《工程测量综合实训》教材进行修订。

第2版教材在总结、吸收第1版教材使用期间各方面反馈意见的基础上，保留了原来的编写体例，删减了部分陈旧内容，新增了全站仪测图、GNSS-RTK测图详细的操作步骤，以及道路路线设计软件的应用，以满足职业本科教学的需要。同时，以“主题讨论”的方式，有机地融入了课程思政；引入《工程测量员》证书考核内容，有效地实现了课证融通。

第2版教材突出以下特点。

1.体例的新颖性

教材设置地形图测绘实训、道路勘测实训两个实训项目，并按照其工作过程各设多个任务，每个任务从技术原理、技术规范、实施步骤、注意事项、成果要求五个方面进行了阐述，方便教学。

2.内容的先进性

项目设置真实的工作任务，训练生产实际主流或关键的操作技能，营造真实的生产环境，同时引入全站仪测图、GNSS-RTK测图等新技术，引用新规范、标准中的技术要求，应用主流道路设计软件，使教材内容与工程应用更贴近，同时方便学生规范作业。

3.课程思政的协同性

深入挖掘思政元素，适当融入教材，通过厚植大国工匠精神，体会测绘科技工作者的专业思维与专业情怀，激发学生科技报国的家国情怀和使命担当，促进思政教育与专业教育的有机融合、协调统一。

4.资源的多样性

针对课程难点和重点，编制参考图文、视频、动画等学习资源，以二维码的方式嵌入教材中，可供学生扫码学习。

5.课证融通的有效性

对接工程测量员（4-08-03-04）考核标准，精选三级/高级工中部分考核项目融入教材，如控制测量、地形测量、道路中线测量等技能项目，以及数据成果处理和精度检核等理论知识，在书中设置全站仪数字测图、道路中线测设等工程测量技能大赛项目的内容，有效地帮助学生进行针对性训练，促进岗课赛证融通，践行精准育人。

另外，附录1摘录了实训场地常用的地形图图式，方便学生规范地绘制地形图；附录2的教学建议可供实训教师参考，安排实训教学。与本书配套使用的《工程测量综合实训（第 2 版）》记录本单独成册，方便实训教学使用。

本书由山西工程科技职业大学丁烈梅担任主编并负责统稿，山西工程科技职业大学李培荣、郭超祥担任副主编，山西工程科技职业大学何雄刚、史永宏参与编写。本书及记录本的具体编写分工如下：丁烈梅编写实训须知、实训项目一及实训记录本的一、三～五与附表；李培荣、何雄刚编写实训项目二（其中，何雄刚编写实训项目二中道路设计软件使用部分）；郭超祥编写实训项目三；史永宏编写附录1、附录2、实训记录本的二。本书由山西工程科技职业大学许路成主审。

本书编写期间，得到了山西交通科学研究院苏蓉高级工程师、山东交通职业学院田国芝教授的大力支持，在此深表谢意。

限于编者水平，书中有不当乃至错误之处，诚挚希望广大读者在使用过程中及时将发现的问题告知编者，以便进一步修订。

编　者

PREFACE

第1版前言

工程测量综合实训是在学习工程测量技术的理论知识与实践操作的基础上，集中时间进行的实践教学活动。本教材正是在课程改革及示范校建设的大背景下，为满足道桥及相关专业工程测量综合实训的需要，由具有多年实践教学经验的专业教师与行业企业专家共同开发的实训教材。教材具有以下特点：

1．根据课程体系的要求，设置了地形图测绘、道路测设的实训项目，并按照其工作过程，各设3～4个任务，每个任务从技术原理、技术规范、实施步骤、注意事项、成果要求等五方面进行了阐述；同时，精心编排了测量工考核强化训练的资料，方便学生练习。

2．引用了最新的规范、标准中的技术要求，方便学生规范操作；同时，融入了全站仪测图、GPS测图等新技术，便于学生拓展学习。

3．附录1摘录了实训场地常用的地形图图式，方便学生规范地绘制地形图；附录2的教学建议可供实训教师参考，安排实训教学。

4．与教材配套使用的《工程测量综合实训》记录本单独成册，方便实训教学使用。

本教材由山西工程科技职业大学丁烈梅担任主编并负责统稿，山西工程科技职业大学李培荣、郭超祥，张家口职业技术学院左岩岩担任副主编，山西工程科技职业大学贾军参与了编写工作。教材及记录本的具体编写分工如下：丁烈梅编写实训须知、实训项目1、附录2以及实训记录本一、三、四、五与附表，李培荣编写实训项目2、附录1，郭超祥编写实训项目3的一、二、三，贾军与左岩岩编写实训项目3中的四、五、六、七及实训记录本的二。本教材由山西工程科技职业大学许路成主审。

本教材编写期间，得到了山西交通科学研究院的苏蓉高级工程师、山西水利设计院的扬全刚高级工程师、山东交通职业学院田国芝老师以及山西工程科技职业大学的马国峰院长、齐秀廷、何雄刚、史永宏、圣小艳、赵文娇、姚海星等老师的大力支持，在此深表谢意。

限于编者水平，书中有不当乃至错误之处，诚挚希望广大读者在使用过程中及时将发现的问题告知编者，以便进一步修订。

编　者

CONTENTS

目　录

实训须知

一、实训目的

工程测量综合实训的目的是让学生掌握小区域大比例尺地形图测绘和道路测设相应的知识及技能，形成测量员、绘图员、设计员等岗位的职业能力，具备考取工程测量员职业资格证书的知识和技能。同时，为从事区域地形图测绘、道路设计、道路施工等相关工作奠定基础。

二、实训要求

(1)在实训课前，应仔细阅读本书中的有关内容，了解实训项目划分、任务安排、实训步骤、注意事项及成果要求，做到未雨绸缪、心中有数。

(2)实训一般分小组进行。学习委员或班长向任课教师提供分组的名单，确定小组负责人，协调实训工作，办理所用仪器的借领和归还手续。

(3)实训是集体学习行为，任何人不得无故缺席或迟到，不得随意改变指定的实训场地。

(4)实训中，认真观看指导教师的示范操作，使用仪器时应严格按照操作规程进行，爱护实训场地设施。

(5)实训期间，应遵守学校的相关规章制度。

三、测量仪器

测量仪器是集光、机、电一体化的精密设备，对仪器的正确使用、精心爱护和科学保养，是每位测量人员必须具备的素质，也是保证测量成果的正确可用、提高工作效率的必要条件。

新购买的测量仪器使用前必须进行检验校正。测量仪器经长距离搬运，应进行检验校正后方可使用。测量仪器长时间不使用时，应放在干燥通风的地方保存。仪器配备的电池长时间不使用时，应每隔三个月进行一次充放电的维护。

使用测量仪器时，除培养良好的操作习惯外，还应严格遵守下列规则。

1. 仪器的借领

(1)实训时，凭学生证到实验室办理借领手续，以小组为单位领取测量仪器。

(2)借领时应当场清点检查：实物与清单是否相符；仪器、工具及其附件是否齐全；背带及手提件是否牢固；三脚架是否完好。

(3)借出仪器及工具后，不得与其他小组擅自调换或转借。

(4)实训结束后，应及时办理归还手续。

2. 仪器的携带

携带仪器前行时，应检查仪器箱是否扣紧，拉手和背带是否牢固。

3. 仪器的安装

(1)安放仪器的三脚架高度要适中，支点必须稳固可靠，特别注意伸缩腿稳固，紧固件旋转到位。

(2)从仪器箱提取仪器时，应先松开仪器的制动螺旋，用双手握住仪器支架或基座，放到三脚架上，一手握住仪器，另一手拧连接螺旋，直至拧紧。

(3)仪器取出后，应及时关好箱盖，严禁在仪器箱上坐人。

4. 仪器的使用

(1)仪器安装在三脚架上后，无论观测与否，观测者必须守护仪器。

(2)太阳光照射强烈时，应撑伞给仪器遮阳。雨天禁止使用无防水仪器。

(3)仪器镜头上的灰尘、污痕，只能用软毛刷和镜头纸轻轻擦拭，不能用手指或其他物品擦拭，以免磨坏镜面。

(4)旋转仪器各部分螺旋要体会“手感”。制动螺旋不要拧得太紧，微动螺旋应尽量使用中间部位。精确照准目标时，微动螺旋最后应为旋进方向。

(5)观测时，不要手扶或碰动三脚架，不得骑三脚架架腿观测。

(6)使用全站仪前，应检查仪器电池的电量，确保正常使用。

(7)必须使用与全站仪配套的反射棱镜。

(8)全站仪测量前，要检查仪器参数和状态设置，如角度、距离、气压、温度的单位，最小显示、测距模式、棱镜常数、水平角和垂直角形式、双轴改正等，可在测量工作前进行设置。

(9)RTK接收设备置于楼顶、高标或其他设施顶端作业时，应采取加固措施，在大风和雷雨天气作业时，应采取防风和防雷措施。

5. 仪器的搬站

(1)贵重仪器或搬站距离较远时，仪器应装箱搬运。

(2)水准仪近距离搬站时，先检查连接螺旋是否旋紧，然后松开制动螺旋，收拢三脚架，一手握住仪器基座或望远镜，另一手抱住三脚架，稳步前进。严禁斜扛仪器，以防碰撞仪器或引起仪器轴线变形。

6. 仪器的装箱

(1)从三脚架取下仪器时，先松开各制动螺旋，使仪器处于自由活动状态。一手握住仪器基座或支架，另一手拧松连接螺旋，安全地从架头上取下仪器后装箱。

(2)在箱内将仪器正确就位后，拧紧相关制动螺旋，关箱扣紧。若合不上箱口，切不可强压箱盖，以免压坏仪器。

7. 测量工具的使用

(1)钢尺应防止扭曲、打结和折断，防止行人踩踏或车辆碾压，避免尺身着水。携尺前进时，不得沿地面拖行。使用完毕应及时擦净，避免受潮。

(2)使用皮尺量距时，拉伸张力应均匀。

(3)花杆、塔尺应注意防水、防潮，防止横向受力，不能磨损尺面刻划，塔尺应注意接口处的正确连接。

(4)小件工具，如垂球、测钎、尺垫等，应使用完成立即收起，防止遗失。

(5)所有测量工具都应保持清洁，专人保管，不得随意放置。

四、测量数据记录和计算

测量数据记录是外业观测结果的原始记载和内业数据处理的依据。测量数据记录时应遵守下列规则：

(1)观测数据按规定的表格现场记录。记录应采用2H或3H硬度的铅笔。记录观测数据之前，应将仪器型号、日期、天气、测站、观测者及记录者的姓名填写齐全。

(2)记录者听到观测数据后应复读一遍记录的数字，避免听错、记错。记录时，要求字体端正清晰，数位对齐，数字规整。表示精度或占位的"0"均不可省略。

(3)观测数据读错或记错后必须重测并再次记录。

(4)记录者记录完一个测站的数据后，应当场进行必要的计算和检核，确认无误后，才能搬站。

(5)对错误的原始记录数据，不得涂改，也不得使用橡皮擦掉，应用横线整齐划去错误数字，将正确的数字写在原数字的上方，并在备注栏说明划改的原因。

(6)数据运算应根据所取位数，按"4舍6入，5前单进双舍"的规则进行修约。例如，1.328 4 m、1.327 6 m、1.327 5 m、1.328 5 m，若取至毫米位，则均应记为1.328 m。若5的后面还有不为"0"的任何数，则此时无论5的前面是奇数还是偶数，均应进位。

实训项目一 地形图测绘实训

一、项目描述

地形图测绘是对地球表面的地物、地貌在水平面上的投影位置和高程进行测定，并按一定比例缩小，根据相关规范和图式的要求，用符号和注记绘制成图的工作。在公路工程建设的生产实践中，地形图测绘主要用于公路勘测设计前期阶段，目的是完成带状地形图与工点地形图的绘制，为路线、桥涵及其他构造物的设计提供基础资料。

地形图测绘实训的目的就是通过完成“大比例尺地形图测绘”的工作任务，使学生掌握大比例尺地形图测绘的技术操作，为今后从事地形图测绘、道路测设、施工等相关工作奠定基础。同时，培养学生完成大比例尺地形图测绘工作的职业能力，以及严谨求实的工作态度、吃苦耐劳的职业精神、团结协作的职业品质。学习本项目后，学生可以合作完成小区域大比例尺地形图的测绘工作。

本实训项目包括平面控制测量、高程控制测量、地形图测绘三个任务。

二、仪器工具(按组配置)

本项目实训所需的仪器工具见表 1-1。

表 1-1　实训项目所需的仪器、工具表(1 个小组)

序号	实训内容	仪器		附件及工具	
		名称	数量	名称	数量
1	平面控制测量 (导线测量)	全站仪(含脚架)	1 套	花杆 棱镜(含脚架) 记录本 油漆、毛笔、测钉	1 根 2 套 1 本 若干
2	高程控制测量 (水准测量)	ZDS_3 水准仪 (含脚架)	1 套	双面水准尺 (或塔尺)	2 根 (2 根)
3	全站仪 地形图测绘	全站仪(含脚架)	1 套	钢尺 花杆 棱镜(含对中杆) 地形图图式 绘图板 记录本	1 把 1 根 1 套 1 本 1 块 1 本

续表

序号	实训内容	仪器		附件及工具	
		名称	数量	名称	数量
3	GNSS地形图绘制（根据实训条件配置）	GNSS移动站（含手簿）	1套	手簿托架 对中杆 接收天线 手机卡（含卡套） 钢卷尺（2 m或3 m） 数据传输线	1个 1根 1个 1个 1把 1根
		GNSS基准站（含脚架、电台、蓄电池、3个连接线）	1套	天线（含脚架） 基座	1套 2个

三、项目实施

任务一　平面控制测量

任务描述

平面控制测量采用图根平面控制作业。作业时，先根据测区情况和测图要求，选定图根控制点的位置并在实地标定，然后进行角度、水平距离的观测(或坐标的直接观测)。观测成果合格后，用近似平差方法进行成果处理，并计算其平面坐标，形成首级控制，为任务三“地形图测绘”中的碎部测量提供控制点平面坐标。

【技术原理】

图根平面控制可采用RTK图根测量、图根导线、极坐标法和边角交会法等。其中，图根导线测量首先要在现场进行选导线点、测角、量边工作，以期获得基本数据(起算坐标，导线边长和坐标方位角)；然后利用这些数据计算各导线点的坐标，并进行精度检验和平差工作。前一工作称为外业，后一工作称为内业。导线测量采用坐标正算原理，根据导线边长、坐标方位角和一个端点坐标，计算导线另一个端点坐标。

注：结合实训场地条件，图根平面控制一般采用图根导线的方法。实训场布设有高等级控制点，优先选择附合导线或闭合导线。图根导线测量常用的方法有两种，一是边角法导线测量；二是坐标法导线测量。本实训根据实训时间安排，由指导教师确定测量方法。具备RTK图根测量实训条件时，也可以选择RTK图根测量方法进行。

微课：平面控制测量

【技术规范】

《工程测量标准》(GB 50026—2020)规定，各级导线测量的技术指标见表1-2。

结合实训条件，本实训项目导线测量等级为图根等级，作为首级控制。

表1-2　各级导线测量的技术指标

等级	导线长度/km	平均边长/km	测角中误差/(″)	测回数		方位角闭合差/(″)	导线全长相对闭合差
				6″级	2″级		
一级	4	0.5	5	4	2	$10\sqrt{n}$	≤1/15 000

续表

<table>
<tr><th rowspan="2">等级</th><th rowspan="2">导线长度/km</th><th rowspan="2">平均边长/km</th><th rowspan="2" colspan="2">测角中误差
/(″)</th><th colspan="2">测回数</th><th rowspan="2" colspan="2">方位角闭合差
/(″)</th><th rowspan="2">导线全长
相对闭合差</th></tr>
<tr><th>6″级</th><th>2″级</th></tr>
<tr><td>二级</td><td>2.4</td><td>0.25</td><td colspan="2">8</td><td>3</td><td>1</td><td colspan="2">$16\sqrt{n}$</td><td>≤1/10 000</td></tr>
<tr><td>三级</td><td>1.2</td><td>0.1</td><td colspan="2">12</td><td>2</td><td>1</td><td colspan="2">$24\sqrt{n}$</td><td>≤1/5 000</td></tr>
<tr><td rowspan="2">图根</td><td rowspan="2">≤a×M(m)</td><td rowspan="2">—</td><td>首级控制</td><td>20</td><td rowspan="2">1</td><td rowspan="2">1</td><td>首级控制</td><td>$40\sqrt{n}$</td><td rowspan="2">≤1/(2 000×a)</td></tr>
<tr><td>加密控制</td><td>30</td><td>加密控制</td><td>$60\sqrt{n}$</td></tr>
<tr><td colspan="10">注：1. a 为比例系数，取值宜为1，当采用1∶500或1∶1 000比例尺测图时，其值可在1～2之间选用。
2. 表中 n 为测角个数；M 为测图比例尺分母。
3. 隐蔽或施测困难地区导线相对闭合差可放宽至1/(1 000×a)。</td></tr>
</table>

【实施步骤】

(一)准备工作

学生借领仪器后，分组熟悉全站仪的基本操作，即测角、测距、测坐标，掌握观测、记录、计算方法和步骤等。要求每人在规定时间内，熟练完成用测回法观测三角形三内角，以及一个闭合导线(三角形)的测量、记录、计算工作，填写在表1-3、表1-4中，一方面为平面控制测量的实施奠定基础；另一方面使学生熟悉技能考核项目及要求。

表1-3 测回法观测三角形三内角记录表

<table>
<tr><td rowspan="2">项目</td><td colspan="7">内容：在地面上钉设 A 目标、B 目标和 C 目标，学生在 A 目标、B 目标、C 目标上分别架设仪器，用测回法观测，记录并计算水平角</td><td rowspan="2">精度要求</td></tr>
<tr><td colspan="7">仪器型号： 日期： 天气：</td></tr>
<tr><td rowspan="14">全站仪测三角形三内角</td><td rowspan="2">测站</td><td rowspan="2">盘位</td><td rowspan="2">目标</td><td rowspan="2">水平度盘读数/(° ′ ″)</td><td colspan="2">水平角
/(° ′ ″)</td><td rowspan="2">备注</td><td rowspan="14">①仪器对中误差不大于2 mm；
②整平误差不大于1格；
③上下半测回角值较差的绝对值 $|\Delta\beta| \leqslant 40''$；
④ $|f_\beta| \leqslant |f_{\beta容}|$；
⑤ $f_{\beta容}=\pm 40\sqrt{n}$</td></tr>
<tr><td>半测回角值</td><td>一测回角值</td></tr>
<tr><td rowspan="4">A</td><td rowspan="2">左</td><td></td><td></td><td rowspan="2"></td><td rowspan="4"></td><td rowspan="4"></td></tr>
<tr><td></td><td></td></tr>
<tr><td rowspan="2">右</td><td></td><td></td><td rowspan="2"></td></tr>
<tr><td></td><td></td></tr>
<tr><td rowspan="4">B</td><td rowspan="2">左</td><td></td><td></td><td rowspan="2"></td><td rowspan="4"></td><td rowspan="4"></td></tr>
<tr><td></td><td></td></tr>
<tr><td rowspan="2">右</td><td></td><td></td><td rowspan="2"></td></tr>
<tr><td></td><td></td></tr>
<tr><td rowspan="4">C</td><td rowspan="2">左</td><td></td><td></td><td rowspan="2"></td><td rowspan="4"></td><td rowspan="4"></td></tr>
<tr><td></td><td></td></tr>
<tr><td rowspan="2">右</td><td></td><td></td><td rowspan="2"></td></tr>
<tr><td></td><td></td></tr>
<tr><td></td><td>成果校核</td><td colspan="7">$\sum\beta=$
$f_\beta=$
$f_{\beta容}=$</td></tr>
</table>

表 1-4　用全站仪法测闭合导线点坐标记录表

<table>
<tr><td rowspan="2">项目</td><td colspan="5">内容：在地面上钉设 A、B、C、D 四个导线点，A、D 两个导线点的坐标已知，分别在 A、B、C 点上架设全站仪，按顺序分别测出 B、C、A 的坐标，并计算闭合差</td><td rowspan="2">精度要求</td></tr>
<tr><td colspan="5">仪器型号：　　　　日期：　　　　天气：</td></tr>
<tr><td rowspan="13">全站仪测导线点坐标</td><td>导线点</td><td>x 坐标/m</td><td>y 坐标/m</td><td>距离/m</td><td>成果校核</td><td rowspan="13">①仪器对中误差不大于 2 mm；
②整平误差不大于 1 格；
③$K \leqslant K_{容}$；
④$K_{容}=1/2\ 000$</td></tr>
<tr><td rowspan="2">D</td><td rowspan="2">13 865</td><td rowspan="2">16 280</td><td rowspan="3"></td><td rowspan="12">$f_x=$
$f_y=$
$f_D=$
$K=$
$K_{容}=$</td></tr>
<tr></tr>
<tr><td rowspan="2">A</td><td rowspan="2">13 800</td><td rowspan="2">16 200</td></tr>
<tr><td rowspan="2"></td></tr>
<tr><td rowspan="2">B</td><td rowspan="2"></td><td rowspan="2"></td></tr>
<tr><td rowspan="2"></td></tr>
<tr><td rowspan="2">C</td><td rowspan="2"></td><td rowspan="2"></td></tr>
<tr><td rowspan="2"></td></tr>
<tr><td rowspan="2">A</td><td rowspan="2"></td><td rowspan="2"></td></tr>
<tr><td rowspan="3">$\sum D=$</td></tr>
<tr><td rowspan="2">闭合差</td><td rowspan="2"></td><td rowspan="2"></td></tr>
<tr></tr>
</table>

(二)边角法导线测量外业工作

1. 踏勘选点

(1)选点步骤。

1)调查收集实训场地测区已有的基础资料；

2)规划导线布设方案；

3)实地踏勘核对、修改；

4)选定点位，建立标志，绘制点之记，参考图 1-1。

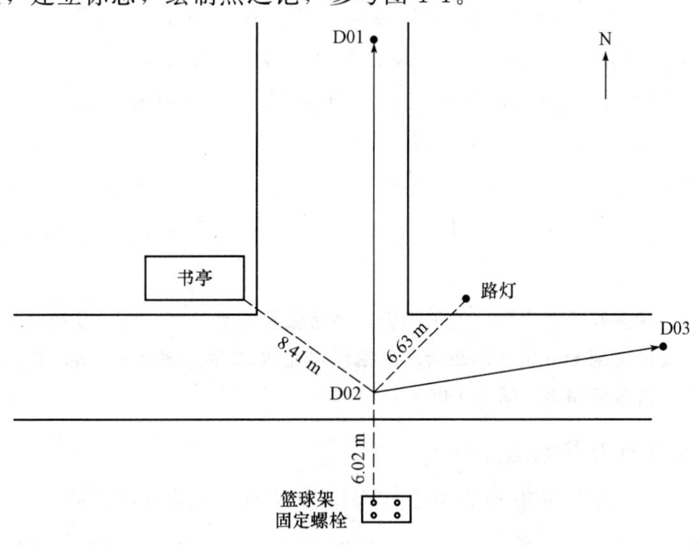

图 1-1　点之记示意

(2)选点注意事项。

1)相邻点间要通视良好，方便测角、量边。

2)点位尽可能选择在土质坚硬的地面上，方便保存标志和安置仪器。同时，要考虑地面湿滑、来往车辆等对人身和仪器安全的影响。

3)点位周围尽可能视野开阔，方便碎部测量和控制点加密。

4)充分考虑全站仪的测距要求，且各边长应大致相等(一般间距不大于 200 m)，避免相邻边的长度相差悬殊。

5)导线点应有足够密度，均匀分布，以便控制整个测区。

6)图根导线点点位标志方法有两种：对埋石点，可以用十字钢钉或控制点标志进行导线点标记；对不埋石点，一般用水泥钉、小铁钉作为导线点位标记。土质地面上的图根导线点采用混凝土加固。

注：本实训应结合实训场地内布设的导线点，由指导教师分组选用，并提供坐标，供学生核对使用。

2. 测转折角及边长

《工程测量标准》(GB 50026—2020)规定，图根导线测量宜采用 6″级仪器一测回测定水平角。图根导线的边长，可采用全站仪单向施测。

注：结合实训条件，本实训导线测量要求采用 6″级或 2″级全站仪进行一测回水平角观测，以及导线边长往返观测。

以 D02 测站点观测为例，具体操作步骤如下。

(1)安置仪器。在 D02 站点上安置全站仪，对中并整平。分别在 D01 和 D03 测站上架设棱镜。

(2)设置参数。安置好仪器后开机，设置测距类型、棱镜常数、气象数据等参数，然后进行角度、距离的观测。

(3)观测并记录。

1)在角度观测模式下，用全站仪望远镜盘左瞄准 D01 的棱镜中心后置零或配置读数。

2)在测距模式下测量 D02 到 D01 的水平距离，读数并记录。

3)顺时针旋转照准部至 D03 点瞄准其棱镜中心，读数并记录水平角。

4)在测距模式下测量 D02 到 D03 的水平距离，读数并记录。

5)在角度观测模式下，倒镜成盘右状态，瞄准 D03 点读数并记录。

6)逆时针旋转照准部至 D01 点读数并记录。

至此完成一个测回的工作。按照上述的操作方法，对其余控制点分别进行角度和距离的观测，直至所有控制点观测完毕并确定无误后，完成平面控制测量的角度、距离观测工作。

注：①导线水平角观测要求读到秒，上下半测回角值较差的绝对值 $|\Delta\beta|\leqslant 40''$ 时，取平均值使用。
②导线测距要求读到 mm 位，测距精度用相对误差 K 表示。满足 $K\leqslant K_{容}$ 时，取平均值使用。对于图根导线，首级控制 $K_{容}$ 取 1/4 000。

3. 确定起算点坐标及起始边方位角

起算点坐标及起始边方位角一般由已知高级控制点通过联测获得。

注：本实训可以将起算点设置在实训场地的高等级控制点，直接利用高级控制点的坐标。或者将实训场地的高等级控制点引测到布设的图根导线起始段的两个点，再通过坐标反算获得起始边方位角。

(三)边角法导线测量内业计算

1. 准备工作

(1)检查外业测量手簿。检查转折角和连接角、导线边长等外业记录、计算是否正确，成果是否符合要求，起算数据是否正确。

(2)绘制导线草图。在草图上注明导线点号、边长、转折角、起始边坐标方位角及起算点的坐标。

(3)确定精度要求。《工程测量标准》(GB 50026—2020)规定的图根控制测量内业成果取位要求见表 1-5。

表 1-5　图根控制测量内业成果取位要求

各项计算修正值 /(″)或 mm	方位角计算值 /(″)	边长及坐标计算值 /mm	高程计算值 /m	坐标成果 /m	高程成果 /m
1	1	0.001	0.001	0.01	0.01

说明：本实训考虑地形图测绘项目的平面控制测量成果，可同时兼作道路勘测实训的路线导线，按照《公路勘测规范》(JTG C10—2007)的规定，三级公路采用的平面控制测量等级为二级，二级平面控制测量要求，坐标成果与高程成果的取位为 0.001 m，因此，将表 1-5 中的坐标成果与高程成果的取位统一确定为 0.001 m。

2. 闭合导线的内业计算

如图 1-2 所示为一闭合导线。具体计算步骤如下：

微课：闭合导线内业计算

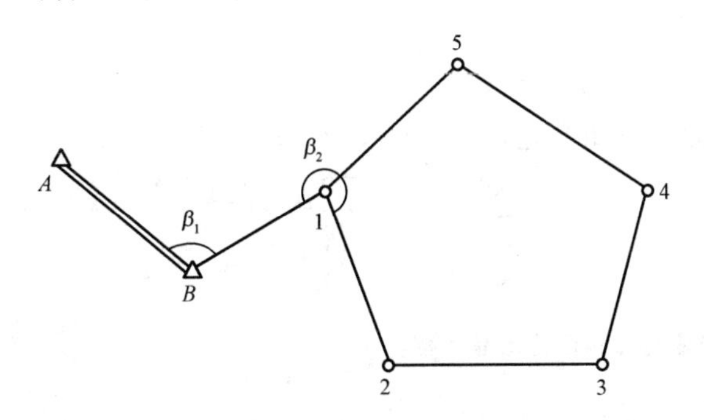

图 1-2　闭合导线示意

(1)角度闭合差计算及调整。

1)角度闭合差。

$$f_{\beta}=\sum\beta_{测}-\sum\beta_{理}=\sum\beta_{测}-(n-2)\times180° \tag{1-1}$$

2)检验角度闭合差。当 $|f_{\beta}|\leqslant|f_{\beta容}|$，则精度满足要求，可进行平差计算。作为首级控制的图根导线，$f_{\beta容}$ 取 $\pm40''\sqrt{n}$。

3)角度闭合差调整。

①计算改正数。将角闭合差反符号平均分配到各观测角中，得角度改正数。角度改正数按式(1-2)计算。

$$v_{\beta}=-\frac{f_{\beta}}{n} \tag{1-2}$$

注：根据角度取位要求，如上式不能整除，由于照准和对中所产生的误差对于具有短边的角度影响较大，故将余数分到具有短边的角度上。

②改正后的观测角为

$$\beta_{改} = \beta_{测} + v_{\beta} \tag{1-3}$$

③计算检核。

$$\sum v_{\beta} = -f_{\beta} \tag{1-4}$$

$$\sum \beta_{改} = \sum \beta_{理} = (n-2) \times 180° \tag{1-5}$$

(2)导线边坐标方位角的推算。导线边坐标方位角按式(1-6)推算。

$$\begin{aligned} &左角: \alpha_{i,i+1} = \alpha_{i-1,i} + \beta_{左} - 180° \\ &右角: \alpha_{i,i+1} = \alpha_{i-1,i} - \beta_{右} + 180° \end{aligned} \tag{1-6}$$

注：若计算的方位角小于0°时，要加上360°；若计算的方位角大于360°时，要减去360°，使各导线边的坐标方位角在0°～360°的取值范围内。

(3)坐标增量的计算。根据推算出的各导线边坐标方位角和相应的边长，按式(1-7)计算坐标增量。

$$\begin{cases} \Delta x_{i,i+1} = D_{i,i+1} \times \cos\alpha_{i,i+1} \\ \Delta y_{i,i+1} = D_{i,i+1} \times \sin\alpha_{i,i+1} \end{cases} \tag{1-7}$$

式中，$\Delta x_{i,i+1}$，$\Delta y_{i,i+1}$为坐标增量；$D_{i,i+1}$，$\alpha_{i,i+1}$分别为导线的边长和方位角。

注：坐标增量有正有负。

(4)坐标增量闭合差的计算及调整。

1)计算纵、横坐标增量闭合差，用式(1-8)计算：

$$\begin{cases} f_{x} = \sum \Delta x_{测} - \sum \Delta x_{理} = \sum \Delta x_{测} \\ f_{y} = \sum \Delta y_{测} - \sum \Delta y_{理} = \sum \Delta y_{测} \end{cases} \tag{1-8}$$

注：闭合导线坐标增量的总和理论值等于零。

2)计算导线全长闭合差：

$$f_{D} = \sqrt{f_{x}^{2} + f_{y}^{2}} \tag{1-9}$$

3)计算导线全长相对闭合差：

$$K = \frac{f_{D}}{\sum D} = \frac{1}{\sum D / f_{D}} \tag{1-10}$$

注：导线全长相对闭合差K通常用分子是1的分数形式表示，分母取100的整数倍或取整。

4)闭合差检验。若满足$K \leqslant K_{容}$，则进行平差计算。对于图根导线，首级控制时$K_{容}$取1/4 000。

5)坐标增量闭合差的调整(平差)。坐标增量闭合差的调整原则是将坐标增量闭合差反符号与边长成正比例分配到各坐标增量中。坐标增量改正数的计算见式(1-11)。改正数计算结果不能整除时，按照“4舍6入，5前单进双舍”的规则处理。改正数计算结束还需用式(1-12)进行计算检核。

$$\begin{cases} v_{xi} = -\dfrac{f_x}{\sum D} \times D_i \\ v_{yi} = -\dfrac{f_y}{\sum D} \times D_i \end{cases} \tag{1-11}$$

$$\begin{cases} \sum v_{xi} = -f_x \\ \sum v_{yi} = -f_y \end{cases} \tag{1-12}$$

改正后的坐标增量用式(1-13)计算，用式(1-14)进行计算检核。

$$\begin{cases} \Delta x_{i,i+1}^{改} = \Delta x_{i,i+1} + v_{xi} \\ \Delta y_{i,i+1}^{改} = \Delta y_{i,i+1} + v_{yi} \end{cases} \tag{1-13}$$

$$\begin{cases} \sum \Delta x_{i,i+1} = 0 \\ \sum \Delta y_{i,i+1} = 0 \end{cases} \tag{1-14}$$

(5)导线点坐标的计算。根据给出的起算点坐标，逐一推算其他坐标。坐标推算公式见式(1-15)。

$$\begin{cases} x_{i+1} = x_i + \Delta x_{i,i+1}^{改} \\ y_{i+1} = y_i + \Delta y_{i,i+1}^{改} \end{cases} \tag{1-15}$$

注：在实际工作中，采用导线计算表进行以上所有计算。

3. 附合导线内业计算

如图 1-3 所示为一附合导线，A、B、C、D 为高级控制点，其坐标已知，AB、CD 的坐标方位角可以通过坐标反算求得。外业已观测全部导线边长和转折角，包括已知点 B、C 上的连接角 β_1、β_2，这样就可以进行平差计算，推算各导线点的坐标。

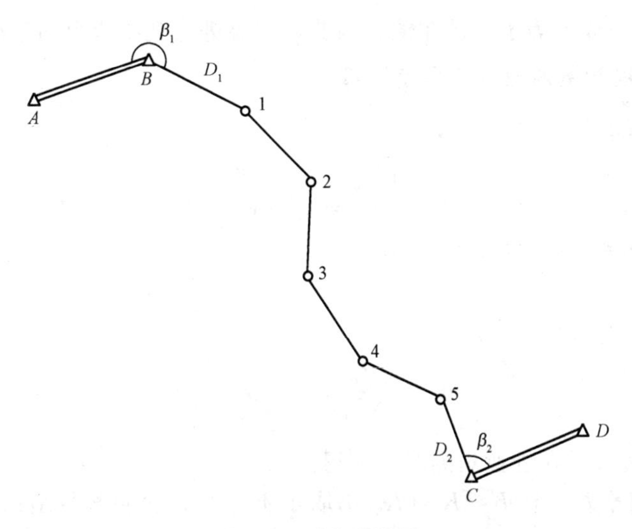

图 1-3　附合导线图

附合导线的内业计算步骤和前述的闭合导线的计算步骤基本相同，所不同的是两者的角度闭合差及坐标增量闭合差的计算方法不同。下面主要介绍这两点不同。

(1)角度闭合差的计算。附合导线的角度闭合差是由观测角推算的终边方位角和已知的终边方位角相比较，按其附合程度来确定的。

因此有
$$f_\beta=\alpha_{终测}-\alpha_{终知}=\alpha'_{CD}-\alpha_{CD}$$

当观测角为左角时，
$$f_\beta=(\alpha_{AB}+\sum\beta_{左}-n\times180°)-\alpha_{CD} \tag{1-16}$$

当观测角为右角时，
$$f_\beta=(\alpha_{AB}-\sum\beta_{右}+n\times180°)-\alpha_{CD} \tag{1-17}$$

注：角度闭合差的检验和调整方法与闭合导线基本相同，所不同的是附合导线观测角为左角时，左角的改正数与角度闭合差异号；观测角为右角时，右角的改正数与角度闭合差同号。

(2)坐标增量闭合差的计算。因为附合导线的坐标增量的总和理论上应等于终点已知坐标减去始点已知坐标，即

$$\begin{cases}\sum\Delta x_{理}=x_C-x_B\\ \sum\Delta y_{理}=y_C-y_B\end{cases} \tag{1-18}$$

因此，纵、横坐标增量闭合差为

$$\begin{cases}f_x=\sum\Delta x_{测}-(x_C-x_B)\\ f_y=\sum\Delta y_{测}-(y_C-y_B)\end{cases} \tag{1-19}$$

(四)坐标法导线测量外业工作

(1)踏勘选点及建立标志(方法同边角法)。

(2)观测导线点的坐标和相邻点间的边长，并以此作为观测值。观测步骤如下：

以图1-3所示的附合导线为例，将全站仪安置于起始点B(高级控制点)，按距离及三维坐标的测量方法测定控制点B与1点的距离及1点的坐标(x_1、y_1)。再将仪器安置在1点上，用同样的方法测得1、2点之间的距离和2点的坐标(x_2、y_2)。依此方法进行观测，最后测得终点C(高级控制点)的坐标观测值为(x'_C、y'_C)。

由于终点C为高级控制点，其坐标已知。而在实际测量中，由于各种因素的影响，终点C的坐标观测值一般不等于其已知值，因此，需要进行观测成果的处理。

(五)坐标法导线测量内业近似平差计算

(1)计算纵、横坐标闭合差。

$$\begin{cases}f_x=x'_C-x_C\\ f_y=y'_C-y_C\end{cases} \tag{1-20}$$

(2)计算出导线全长闭合差。

$$f_D=\sqrt{f_x^2+f_y^2} \tag{1-21}$$

(3)计算导线全长相对闭合差K。

$$K=\frac{f_D}{\sum D}=\frac{1}{\sum D/f_D} \tag{1-22}$$

式中　D——导线边长，在外业观测时已测得。

(4)成果检验与平差。若$K\leqslant K_{容}$($K_{容}$仍取1/4 000)，表明测量结果满足精度要求，则可按式(1-23)计算各导线点坐标的改正数：

$$\begin{cases}v_{xi}=-\dfrac{f_x}{\sum D}\sum D_i\\ v_{yi}=-\dfrac{f_y}{\sum D}\sum D_i\end{cases} \tag{1-23}$$

式中　$\sum D$——导线的全长；

$\sum D_i$——第 i 点之前导线边长之和。

(5)导线点坐标计算。根据起始点的已知坐标和各点坐标的改正数，按式(1-24)依次计算各导线点的坐标：

$$\begin{cases} x_i = x'_i + v_{xi} \\ y_i = y'_i + v_{yi} \end{cases} \tag{1-24}$$

式中　x'_i，y'_i——第 i 点的坐标观测值。

(6)高程的测量与平差。由于全站仪可以同时测得导线点的坐标和高程，因此，高程的计算可与坐标计算一并进行，高程闭合差为

$$f_H = H'_C - H_C \tag{1-25}$$

式中　H'_C——C 点的高程观测值；

H_C——C 点的已知高程。

各导线点的高程改正数为

$$v_{H_i} = -\frac{f_H}{\sum D}\sum D_i \tag{1-26}$$

式中符号意义同前。

改正后各导线点的高程为

$$H_i = H'_i + v_{H_i} \tag{1-27}$$

式中　H'_i——第 i 点的高程观测值。

【注意事项】

(1)全站仪和棱镜的对中整平需要操作到位，严格对待。测角精度要求越高或边长越短时，对中要求越严格。如观测的两个目标高低相差较大，更需要注意仪器整平。

(2)在一个测回的水平角观测过程中，不得再调整照准部水准管。如气泡偏离中央 1 格时，须再次整平仪器，重新观测。

(3)水平角观测时，盘左、盘右望远镜应该始终瞄准目标的同一个部位，尽量用双竖丝夹住或单竖丝平分瞄准目标底部。

(4)记录员一定要按观测目标的顺序记录水平度盘的读数，记录的同时要复读观测员的读数，并及时进行测站计算校核，符合要求后方可迁站，做到步步检核。

【成果要求】

每人完成填写记录本中表 1-1～表 1-3，表 1-4 选做。

表 1-1　水平角观测记录计算表

表 1-2　水平距离观测记录计算表

表 1-3　全站仪导线计算表

表 1-4　以坐标为观测量的导线测量记录计算表(选做)

任务二 高程控制测量

任务描述

图根高程控制测量和图根平面控制测量可同时进行，也可分别施测。图根控制点的高程通常用水准测量或电磁波测距三角高程测量方法测定，也可以采用 GNSS-RTK 图根测量。本任务作业时，对选定的图根控制点进行四等或图根水准测量观测。经计算，观测成果合格后，用近似平差方法进行成果处理，并计算其高程，为下一步地形图测绘提供图根控制点高程。

【技术原理】

水准测量原理是利用水准仪提供的一条水平视线，借助水准尺来测定地面两点之间的高差，从而由已知点高程和测定的高差，计算出待测点高程。

【技术规范】

《工程测量标准》(GB 50026—2020)规定：

(1)图根高程控制，可采用图根水准、电磁波测距三角高程、RTK 图根高程测量等方法。

(2)起算点的精度，不应低于四等水准高程点。

(3)测区的高程系统，宜采用 1985 国家高程基准。在已有高程控制网的地区测量时，可沿用原有的高程系统；当小测区联测有困难时，也可采用独立高程系统。

(4)图根水准测量其主要技术要求，应符合表 1-6 的规定。

(5)仪器高和觇标高的量取，应精确至 1 mm。

表 1-6 图根水准测量的主要技术要求

每千米高差全中误差/mm	附合路线长度/km	水准仪型号	视线长度/m	观测次数		往返较差、附合或环线闭合差/mm	
				附合或闭合路线	支水准路线	平地	山地
20	≤5	DS10	≤100	往一次	往返各一次	$40\sqrt{L}$	$12\sqrt{n}$

注：L 为往返测段、附合或环线水准路线长度(km)，n 为测站数。水准路线布设成支线时，支水准路线长不大于 2.5 km

本实训结合教学实际，按照四等或图根水准测量的要求实施高程控制测量观测，图根水准测量的技术要求见表 1-6，四等水准观测的技术要求见表 1-7。四等水准测量的主要技术要求见表 1-8。

表 1-7 四等水准观测的主要技术要求

等级	水准仪型号	视线长度/m	前后视的距离较差/m	前后视的距离较差累积/m	视线离地面最低高度/m	基、辅分划或黑、红面读数较差/mm	基、辅分划或黑、红面所测高差较差/mm
四等	DS3、DSZ3	100	5.0	10.0	0.2	3.0	5.0

表 1-8　四等水准测量的主要技术要求

每千米高差全中误差/mm	路线长度/km	水准仪型号	水准尺	观测次数		往返较差、附合或环线闭合差/mm	
				与已知点联测	附合或环线	平地	山地
10	≤16	DS3、DSZ3	条码式玻璃钢、双面	往返各一次	往一次	$20\sqrt{L}$	$6\sqrt{n}$
注：L 为往返测段、附合或环线水准路线长度(km)，n 为测站数							

【实施步骤】

(一)准备工作

学生借领仪器后，分组熟悉水准仪操作，要求每人在规定时间(建议 15 分钟)内熟练完成一个闭合水准路线的测量、记录、计算工作，填写在表 1-9 中。

表 1-9　闭合水准路线测量记录表

项目	内容：设定一水准点并标记 BM_1，设定其高程为 100.000 m，设 3～4 个 ZD，构成一个大约 200 m 左右的闭合水准路线，学生操作水准仪进行测量、记录、计算						精度要求
	仪器型号：		日期：		天气：		
闭合水准路线测量	测点	后视读数/m	前视读数/m	高差/m +	高差/m −	高程/m	高差闭合差容许值：$\pm30\sqrt{L}$ (注：五等水准要求)
	BM_1						
	ZD_1						
	ZD_2						
	ZD_3						
	BM_1						
	$\sum$						
	计算校核：						
	成果校核：						

(二)高程控制测量外业工作

微课：高程控制测量

高程控制测量的外业工作主要是指对水准点进行水准测量。

根据实训场地的条件，图根平面控制测量中的导线点可兼作图根水准点。水准测量选择图根水准测量或四等水准测量等级。充分考虑水准仪的视距要求，必要时应加设转点。

1. 图根水准测量的方法

图根水准测量采用普通水准测量方法，依次记录水准仪后视读数、前视读数，计算高差，同时进行测站校核。测站校核有双仪高法和双面尺法。

(1)双仪高法。同一测站用两次不同的仪器高度，测得两次高差来相互比较进行检核。即测得第一次高差后，改变仪器高度 10 cm 以上，重新安置水准仪，再测一次高差。

两次高差之差不超过 5 mm，取其平均值作为最后结果；否则应重测。

(2)双面尺法。仪器高度不变，立在后视点和前视点上的水准尺分别用黑面和红面各进行一次读数，测得两次高差，相互进行检核。

读取每一把水准尺的黑面和红面分划读数，前、后视尺的黑面读数计算出一个高差，前、后视尺的红面读数计算出另一个高差，两次高差之差应小于 5 mm，否则应重测。具体观测顺序如下：

1)瞄准后视尺黑面→读数。

2)瞄准后视尺红面→读数。

3)瞄准前视尺黑面→读数。

4)瞄准前视尺红面→读数。

动画：四等水准测量

微课：四等水准测量

上述观测顺序简称为“后—后—前—前”或“黑—红—黑—红”。

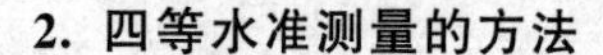

2. 四等水准测量的方法

四等水准测量的方法一般为双面尺法。观测程序可以采用“后—后—前—前”(即“黑—红—黑—红”)。

每把双面尺的红面与黑面分划注字有一个零点差，对于后视读数或前视读数都可以进行一次检核。根据前、后视尺的红、黑面读数，分别计算红面高差和黑面高差，这也是一次检核。

具体操作步骤如下：

在 BM_1—ZD_1 测站，首先将水准仪安置在离 BM_1 和 ZD_1 距离相等的地方，整平。分别在 BM_1、ZD_1 点上按照上述方法立尺后观测读数。读数顺序如下：

(1)后尺黑面 BM_1 上丝读数(1)、下丝读数(2)、中丝读数(3)。

(2)转尺，后尺红面 BM_1 中丝读数(4)。

(3)前尺黑面 ZD_1 上丝读数(5)、下丝读数(6)、中丝读数(7)。

(4)转尺，前尺红面 ZD_1 中丝读数(8)。

观测的同时应记录数据并检核，若发现错误需重测。

以上就是一个测站上的操作方法，以此方法对测区控制网进行四等水准测量，直至完成测区的水准测量任务。

(三)高程控制测量内业计算

普通水准测量内业计算方法非常简单，可参见《工程测量》教材。双仪高法水准测量的记录计算表见本实训项目后附的样表1-5。下面重点介绍四等水准测量的记录与计算方法。

1. 每一测站的记录与计算

将观测数据记入四等水准测量记录计算表中相应栏内(表1-10)，并及时计算出前、后视距及前、后视距差，累积视距差，红、黑面读数差，黑、红面高差及高差之差。当符合限差要求后，方可迁站。

表1-10　四等水准测量记录计算表

仪器型号：　　　　观测日期：　　　　天气：　　　　观测：　　　　记录：

测站编号	后尺 上丝	前尺 上丝	方向及尺号	标尺读数 黑面	标尺读数 红面	K+黑—红/mm	高差中数/m	备注
	后尺 下丝	前尺 下丝						
	后视距	前视距						
	视距差 d/m	$\sum d$/m						
	(1)	(5)	后 K_1	(3)	(4)	(13)	(18)	
	(2)	(6)	前 K_2	(7)	(8)	(14)		
	(9)	(10)	后—前	(15)	(16)	(17)		
	(11)	(12)						
BM_1 → ZD_1	1.442	1.935	后 K_2	1.157	5.842	+2	−0.498	K_1=4.787 m K_2=4.687 m
	0.885	1.377	前 K_1	1.655	6.441	+1		
	55.7	55.8	后—前	−0.498	−0.599	+1		
	−0.1	−0.1						
ZD_1 → BM_2	1.390	1.690	后 K_1	1.135	5.922	0	−0.305	
	0.890	1.200	前 K_2	1.440	6.127	0		
	50.0	49.0	后—前	−0.305	−0.205	0		
	+1.0	+0.9						
……	……	……	后 K_2	……	……	……	……	
	……	……	前 K_1	……	……	……		
	……	……	后—前	……	……	……		
	……	……						
校核								

测站的计算和检核步骤如下。

(1)视距计算。

后视距离(9)=[(1)−(2)]×100≤100 m

前视距离(10)=[(5)−(6)]×100≤100 m

前、后视距差(11)=(9)−(10)≤±5 m

视距累积差本站(12)=本站(11)+上站(12)≤±10 m

注：视距部分各项限差见表1-7中四等水准观测技术要求。

(2)黑红面读数差计算。

后视尺黑红面读数差(13)=(3)+K_1−(4)≤±3 mm

前视尺黑红面读数差(14)=(7)+K_2−(8)≤±3 mm

(3)高差计算。

黑面所测高差(15)=(3)−(7)

红面所测高差(16)=(4)−(8)

黑、红面高差之差(17)=(15)−[(16)±0.100]≤±5 mm

注：式中的 0.100 为单号、双号两根水准尺底部注记之差，以 m 为单位。

(4)高差中数计算。

测站平均高差(18)=[(15)+(16)±0.100]/2

测站上各项限差若超限，则该测站需重测。

数据处理后，搬仪器到下一测站观测。

注：①上述(17)和(18)计算式中，当测站上后尺红面起点读数为 4.787 m 时，取+0.100；反之取−0.100。

②高差中数(18)，精确到 1 mm，如果出现不能整除时，按“4 舍 6 入，5 前单进双舍”的规则进行修约。

(5)测段的最终计算校核。

1)视距的计算校核：

$$\sum(9) - \sum(10) = \text{末站的}(12)$$

总视距长(即水准路线长)

$$L = \sum(9) + \sum(10)$$

2)高差计算校核：

测站数为偶数：$\sum[(3)+(4)] - \sum[(7)+(8)] = \sum[(15)+(16)] = 2\sum(18)$

测站数为奇数：$\sum[(3)+(4)] - \sum[(7)+(8)] = \sum[(15)+(16)] = 2\sum(18)(\pm 0.100)$

2. 成果校核

当测完一条路线时，需要计算高差闭合差 f_h。如果 $f_h > f_{h容}$，应检查外业观测记录与计算表，查找超限的原因。若找不出原因，需要部分测段或全部测段重测。四等水准测量的 $f_{h容}$ 取值为 $\pm 20\sqrt{L}$(平地)或 $\pm 6\sqrt{n}$(山地)。

3. 调整高差闭合差、计算各高程控制点的高程

若高差闭合差小于容许值，说明观测成果符合要求，但应进行高差闭合差的调整。高差闭合差调整的方法是将高差闭合差反符号，按与测段长度(平地)或测站数(山地)成正比，即按式(1-28)计算各测段的高差改正数，加入到测段的高差观测值中。

$$\begin{cases} \Delta h_i = -\dfrac{f_h}{\sum L} \cdot L_i \quad (\text{平地}) \\ \Delta h_i = -\dfrac{f_h}{\sum n} \cdot n_i \quad (\text{山地}) \end{cases} \tag{1-28}$$

式中　$\sum L$——路线总长(m 或 km)；

L_i——第 i 测段长度(m 或 km)(i=1、2、3、…)；

$\sum n$——测站总数；

n_i——第 i 测段测站数。

将高差观测值加上改正数即得各测段改正后高差，据此，即可依次推算各待定点的高程。

【注意事项】

(1)前后视距尽可能相等(四等水准测量要求前后视距差不超过 5 m)。

(2)对于视距较长的测段需设置转点，在转点上立尺时需用尺垫。

(3)水准仪瞄准、读数时，立尺人须使尺上水准气泡居中，保证水准尺为直立状态。

(4)使用微倾式水准仪观测时，观测员在读数前要精平仪器。

(5)读数前，应消除视差。

(6)后视尺在仪器未迁站时，不得移动。仪器迁站时前尺不得移动。

(7)每一站都必须进行检核，检核无误后方可进行下一站的水准测量。

(8)四等水准测量每个测段的测站数必须是偶数。

(9)四等水准测量采用数字水准仪观测条码式玻璃钢水准尺时，所测两次高差较差，应与黑、红面所测高差之差的要求相同，即±5 mm。

(10)如果实训场地地形条件受限制，起伏较大，不便使用常规的四等水准测量进行观测，则可以使用三角高程的方法代替四等水准测量。

【成果要求】

每人完成填写记录本表 1-5 或表 1-6 及表 1-7。

表 1-5　水准测量记录计算表(双仪高法)

表 1-6　四等水准测量记录计算表(选做)

表 1-7　水准测量成果计算表

【技术拓展】：RTK 图根控制测量

(一)技术要求

《工程测量标准》(GB 50026—2020)有如下规定。

RTK 图根控制测量的主要技术要求应符合下列规定：RTK 图根控制测量可采用单基站 RTK 测量模式，也可采用网络 RTK 测量模式；作业时，有效卫星数不宜少于 6 个，多星座系统有效卫星数不宜少于 7 个，*PDOP* 值应小于 6，并应采用固定解成果；RTK 图根控制点应进行两次独立测量，坐标较差不应大于图上 0.1 mm，符合要求后应取两次独立测量的平均值作为最终成果；RTK 图根控制测量的主要技术要求应符合表 1-11 的规定。

表 1-11　RTK 图根控制测量的主要技术要求

等级	相邻点间距离/m	边长相对中误差	起算点等级	流动站到单基准站间距离/km	测回数
图根	≥100	≤1/4 000	三级及以上	≤5	≥2
注：对天通视困难地区相邻点间距离可缩短至表中数值的 2/3，边长较差不应大于 20 mm。					

RTK 图根高程控制测量作业方法，应独立进行 2 次高程测量，2 次独立测量的较差不应大于基本等高距的 1/10，符合要求后应取 2 次独立测量的平均值作为最终成果。

RTK 图根控制测量成果的检查应符合下列规定：检核点应均匀分布于测区的中部及周边；检核方法可采用边长检核、角度检核或导线联测检核等，RTK 图根控制点检核限差应符合表 1-12 的规定。

表 1-12 RTK 图根控制点检核限差

等级	边长检核		角度检核		导线联测检核	
	测距中误差/mm	边长较差的相对中误差	测角中误差/(″)	角度较差限差/(″)	角度闭合差/(″)	全长相对闭合差
图根	20	1/2 500	20	60	$60\sqrt{n}$	1/2 000
注：n 为导线测量测站数。						

(二)RTK 图根控制测量的工作步骤

以中海达 RTK 测量软件 Hi-Survey 为例，RTK 图根控制测量一般包括仪器架设、工程项目设置、仪器设置、坐标转换参数计算、图根控制测量等步骤。

1. 仪器架设

仪器架设包括基准站架设和移动站架设。

(1)基准站架设。基准站的架设有两种方式，一是架设在坐标已知点(控制点)；二是架设在坐标未知点(任意设站法)。第二种方法可以选择合适位置，一般选择第二种方法。基准站是 RTK 测量系统中固定不动的点，在选择基准站位置的时候应注意以下几点：基准站的视场应开阔；用电台进行数据传输时，基准站宜选择在测区相对较高的位置；用移动通信进行数据传输时，基准站必须选择在测区有移动通信接收信号的位置；选择无线电台通信方法时，应按约定的工作频率进行数据链设置，以避免串频。

(2)移动站架设。RTK 接收机安装电池和天线，配套碳素杆上安装电子手簿。

2. 工程项目设置

(1)项目信息。手簿开机，打开软件 Hi-Survey，如图 1-4 所示，执行“项目”→“项目信息”→“新建”→输入文件名称→“确定”命令，软件自动新建与项目名称相同的文件夹，并建立相关参数文件，相关测量数据将保存在该文件夹中。

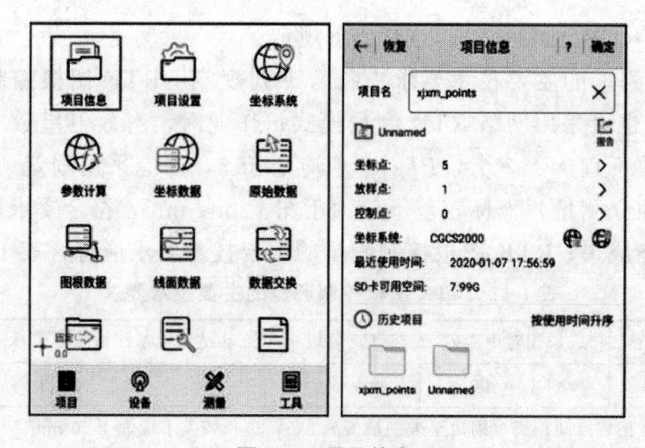

图 1-4 项目信息

(2)项目设置。单击“确定”按钮后，进入“项目设置”界面。对于新建工程项目，该部分不需要设置，可单击“跳过”按钮，此时软件默认选择“CASS”模板。

(3)坐标系统。对于新建工程项目，坐标系统只需要设置“投影”和“基准面”两项。

1)投影设置：在“项目”界面，执行“坐标系统”→“坐标系统”→“投影类型”命令，一般为“高斯三度带”→更改“投影”下面的“中央子午线”，设为当地中央子午线(图1-5)，也可以单击右侧符号自动获取当地中央子午线。

2)基准面设置：单击“原椭球”右侧三角下拉按钮，选择GNSS坐标系椭球类型(GPS系统“WGS”，北斗系统“国家2000”)(图1-5)；单击“目标椭球”右侧三角下拉按钮，选择工程项目坐标系椭球类型。检查“平面转换”“椭球转换”“高程拟合”，在未求参数之前都选择“无”，单击“保存”按钮返回主界面“项目”页面。

图1-5　坐标系统设置

3. 仪器设置

中海达RTK的设置包括基准站设置和移动站设置，都可以通过电子手簿进行，但首先需要手簿与RTK主机进行设备连接，一般采用蓝牙连接方式。

(1)基准站设置。

1)设备连接。软件Hi-Survey界面，选择“设备”图标，单击“设备连接”按钮，在“设备连接”界面单击“连接”按钮，进入“蓝牙连接”页面，单击已与手簿蓝牙配对的基准站编号，在所显示的对话框内单击“是”按钮连接基准站。这时，卫星灯变亮，开始接收卫星信号，如图1-6所示。

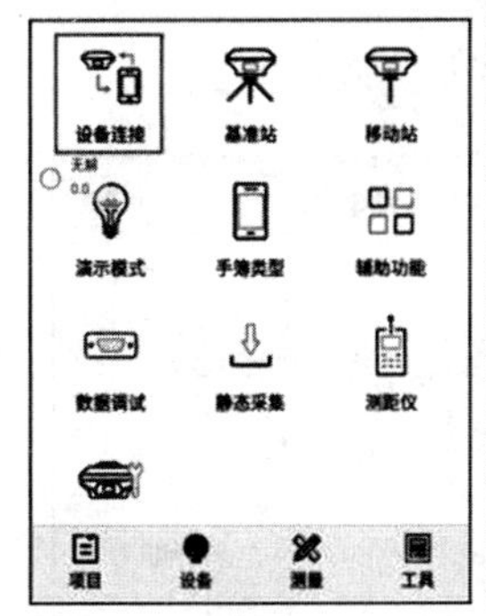

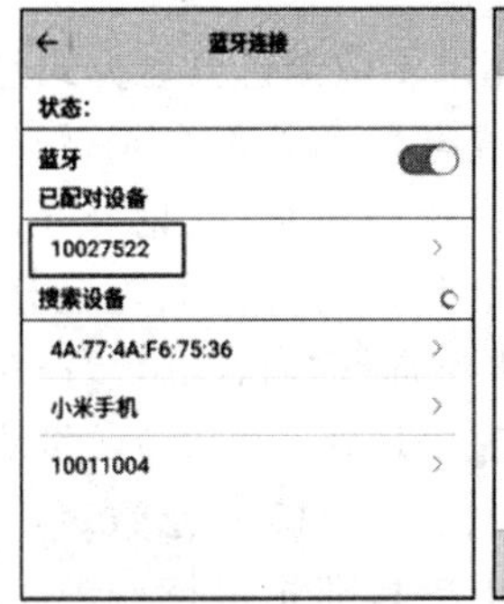

图1-6　基准站设备连接

2)基准站接收机位置设置。如果基准站架设在已知点上，且知道转换参数，则选择“已知点设站”，直接输入或在点库里选择该点CGCS-2000的BLH坐标，也可事先打开转换参数，输入该点的当地NEZ坐标，这样基准站就以该点的CGCS-2000的BLH坐标为参考，发射差分数据，如图1-7所示。如果基准站架设在未知点上，选择“平滑设站”选项，设置平滑次数，如图 1-8 所示；完成数据链、电文格式等设置后，单击右上角“设置”按钮，接收机将会按照设置的平滑次数进行平滑，最后取平滑后的均值为基准站坐标。另外，平滑设站若勾选“保存坐标”选项，则还需要输入该坐标的目标高选择量高类型，输入点名，如图 1-9 所示。

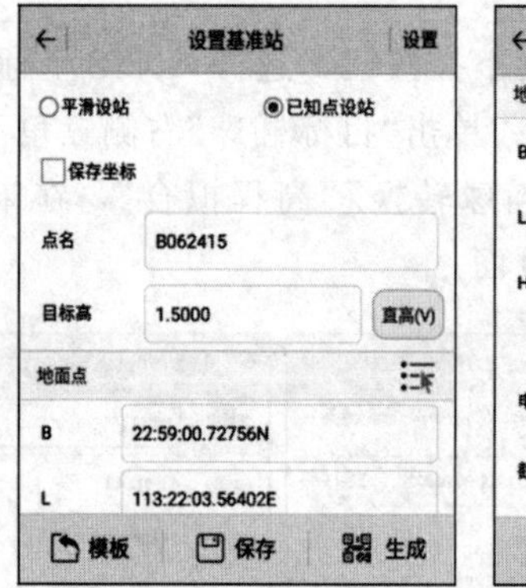

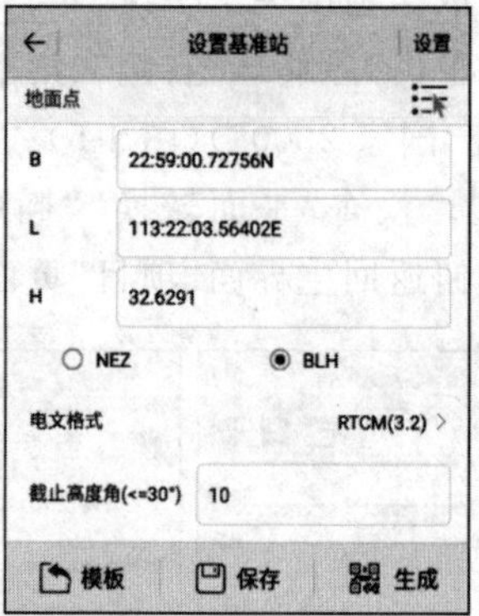

图 1-7 已知点设站

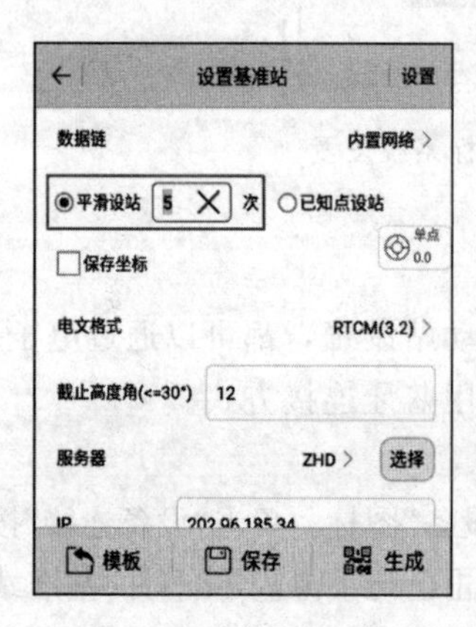

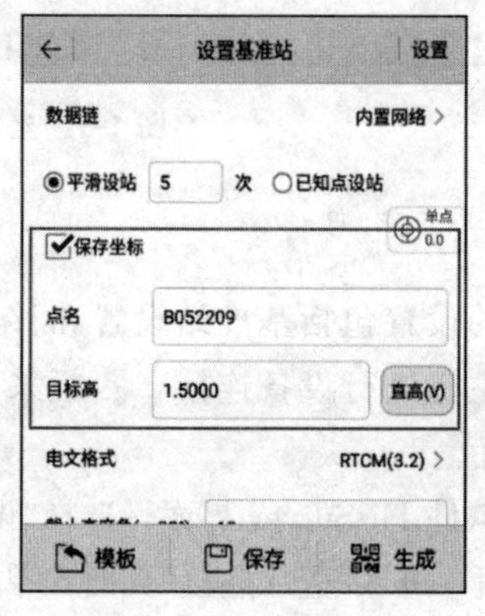

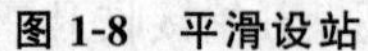

图 1-8 平滑设站　　图 1-9 坐标保存

3)数据链设置。基准站数据链发送方式包括电台发送和移动网络发送两种方式。

①电台发送有内置电台和外部数据链两种模式。内置电台模式在软件中设置频道号(发射频率)、空中波特率(传输速率)。内置电台为传统的数据链模式，其设置方法如下：基准站数据链选择“内置电台”；对应的电台协议和空中波特率(如 HI-TARGET 19200)，移动站的选择与基准站保持一致；频道为 0～115 任意数字，如图 1-10 所示。以上设置移动站要与基准站保持一致。外部数据链(外挂电台)模式由外挂电台设置频道号、空中波特率。

②移动网络发送有内置网络模式。该模式需要由基准站插手机卡上网，登录 RTK 服务器，设置分组号、小组号等内容。

4)参数设置。首先选择“电文格式”。电文格式包括

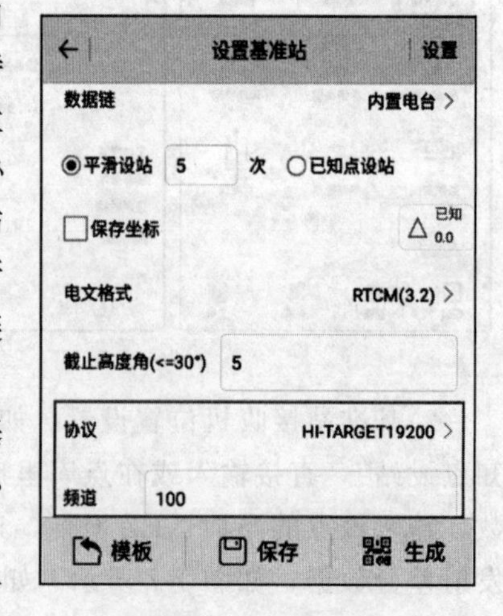

图 1-10 数据链设置

RTCM(3.2)、RTCM(3.0)、CMR、RTCM(2.x)，若使用三星系统接收机，基准站电文格式设置为RTCM3.2，可以支持多品牌北斗差分导航定位。然后设置“截止高度角”。截止高度角表示接收卫星的截止角，可在0°～30°调节，如图1-11所示。再设置“定位数据频率”。定位数据频率是指软件更新定位数据的频率，支持1 Hz和2 Hz，如图1-11所示。

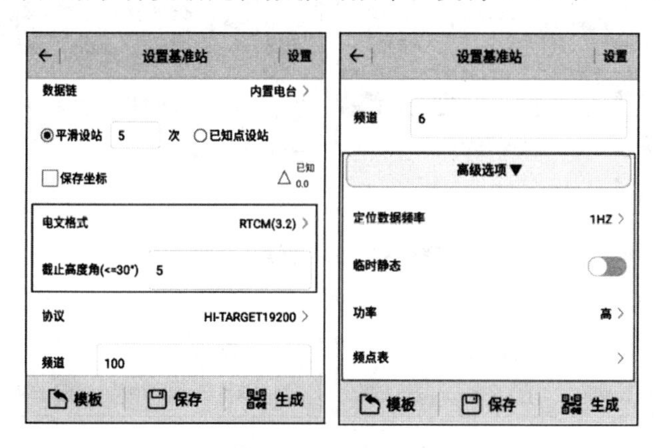

图1-11 参数设置

选择一种数据链模式，并设置相关参数后，单击右上角“设置”按钮，完成设置。显示对话框“基准站设置成功，是否切换至移动站设置”，单击“是”按钮，断开手簿与基准站连接，显示“设备连接”界面。

(2)移动站设备连接。在“设备连接”界面单击“连接”按钮，显示“蓝牙连接”界面。单击已与手簿配对的移动站编号，并在所显示对话框单击“是”按钮连接移动站，显示连接后的界面，按返回键返回“设备”页面。

(3)移动站设置。在主界面“设备”页面中，单击“移动站”按钮，显示“设置移动站”页面，如图1-12所示。

移动站主要设置数据链。移动站数据链接收方式包括电台接收和移动网络接收两种方式。

1)电台接收内置电台模式，设置与基准站相同的频道号、空中波特率。

2)移动网络接收包括内置网络、手簿差分和外部数据链(外部网络)三种模式。内置网络模式需要移动站插入手机卡上网；手簿差分模式需手簿插入手机卡或通过WLAN信号上网；外部数据链需要通过外置网络上网。三种模式都需要上网后登录与基准站相同的RTK服务器IP地址，并设置相同的分组号、小组号等内容。

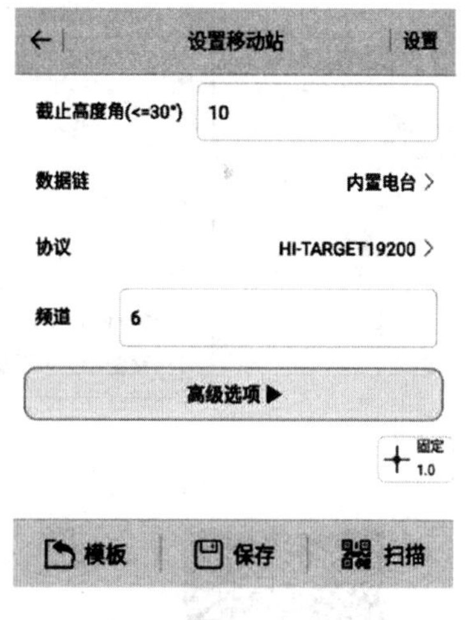

图1-12 移动站设置

选择一种与基准站一致的数据链模式并设置相同的参数后，单击页面右上角“设置”按钮完成设置。按返回键返回“设备”页面。

如果移动站使用“内置网络”功能，数据链选择内置网络，可单击“高级选项”设置网络类型等其他参数。

“服务器”包括ZHD、CORS和TCP/IP。如果使用中海达服务器，使用ZHD，“IP”项目可以手工输入服务器IP，端口号，也可以单击“选择”按钮提取，可以从列表中选取所需要的服务器(图 1-13)。“分组类型”可选择分组号、小组号或基准站机身号。“分组号和小组号”分别为 7 位数和 3 位数，小组号要求小于 255。基准站和移动站需要设成一致才能正常工作。“运营商”用 GPRS 时输入“CMNET”；用 CDMA 时输入“card，card”。

图 1-13 中海达服务器设置

如果接入 CORS 网络，服务器选择 CORS，输入 CORS 的 IP、端口号。执行“服务器”→“CORS”→“设置”命令，弹出“CORS 连接参数”界面，单击“获取源节点”按钮，可获取 CORS 源列表，选择“源节点”，输入“用户名”“密码”，选择差分电文格式，如图 1-14 所示。

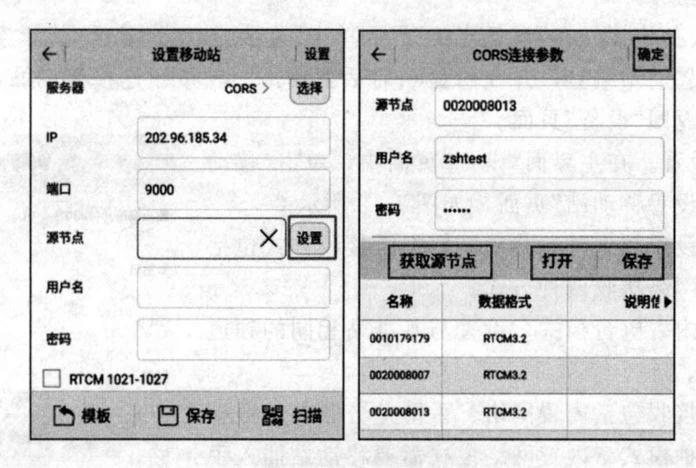

图 1-14 CORS 网络设置

视频：中海达 RTK 操作视频（电台模式）

视频：中海达 RTK 操作视频（GSM 模式）

视频：中海达 RTK 操作视频（CORS 模式）

4. 坐标参数转换计算

首先建立控制点库：执行主界面“坐标数据”→“控制点”→“添加控制点”命令，可手动输入，或通过单击右上角的实时采集、点选和图选来选择点名和相应的坐标，再单击右下角“确定”按钮，如图 1-15 所示。

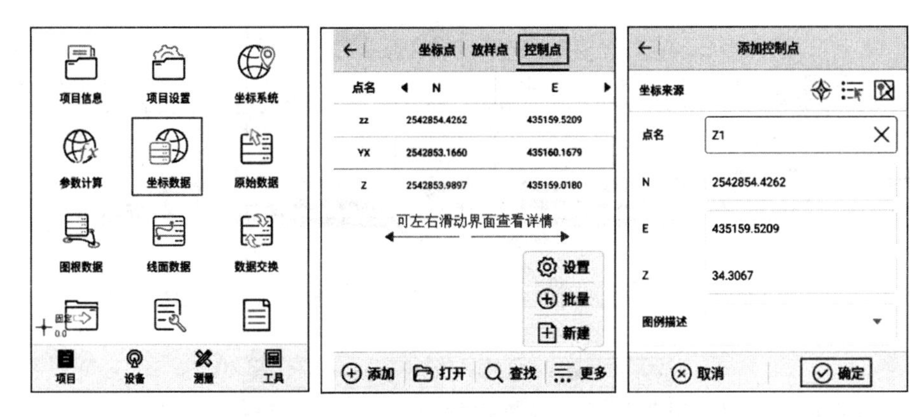

图 1-15　建立控制点库

单击“参数计算”按钮，“计算类型”选择“四参数＋高程拟合”选项，“高程拟合”选择“固定差改正”选项（三个点以上，“高程拟合”可以选择“平面拟合”方法）；然后单击“添加”按钮，添加点对，选择一个采集点为源点，在目标点处输入相应控制点坐标；最后单击“保存”按钮，如图 1-16 所示。

添加完两个以上的点对后，单击“计算”按钮，显示计算出来的“四参数＋高程拟合”的结果，主要看旋转和尺度。四参数的结果平移北和平移东一般较小，旋转在 0 度左右，尺度在 0.999 9～1.000 0（一般来说，尺度越接近 1 越好），平面和高程残差越小越好，确认无误后单击“应用”按钮，软件将自动运用新参数更新坐标点库，如图 1-16 所示。

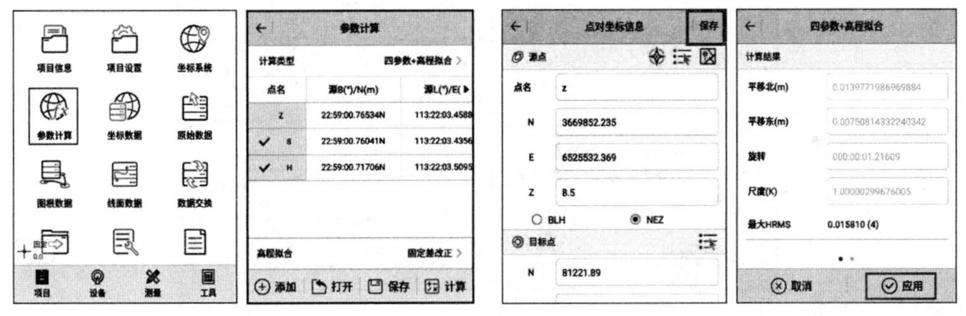

图 1-16　参数计算

5. 图根控制测量

利用实时动态 RTK 进行图根控制点测量时，一般将仪器存储模式设定为平滑存储，然后设定存储次数，一般设定为 5～10 次（可根据需要设定），测量时其结果为每次存储的平均值，其点位精度一般为 1～3 cm，能够满足大比例尺测图对图根控制测量的精度要求。

微课：地面点的坐标系统

如图 1-17 所示，进入“图根测量”界面，查看图根采集进度，单击右上角的“配置”按钮设置参数。配置页可以自动记录上次输入内容，图根点名可以自增。HRMS 为当前点的平面中误差，VRMS 为当前点的高程中误差。

在采集过程中，在“图根测量”界面向右滑动可以查看当前采集的图根点测回详细平滑数据，如图 1-18 所示。

执行“项目”主界面→“图根数据”命令，可以查看所有图根测量点数据，如图 1-19 所示。还可以对数据进行新建、打开、查找，长按图根点后能够进行删除、编辑操作。

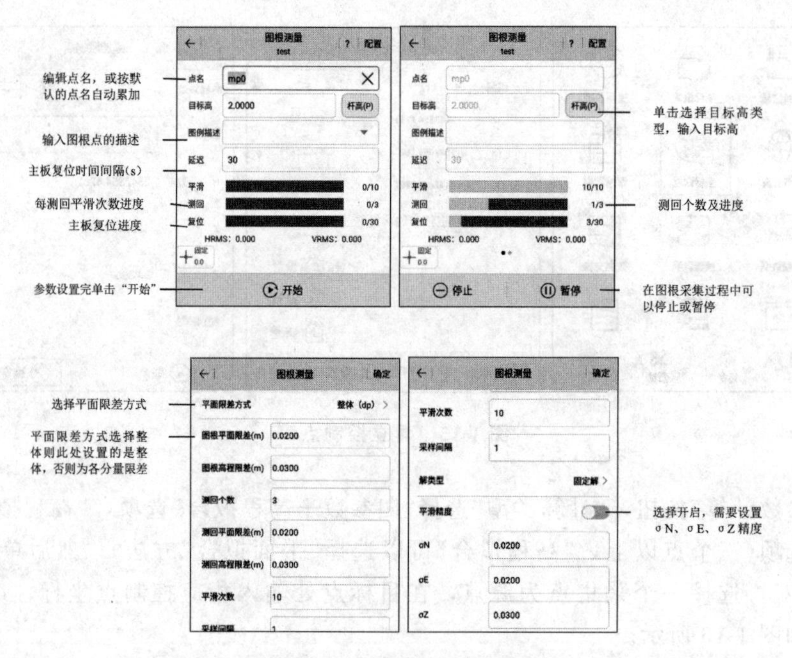

图 1-17 图根测量参数设置

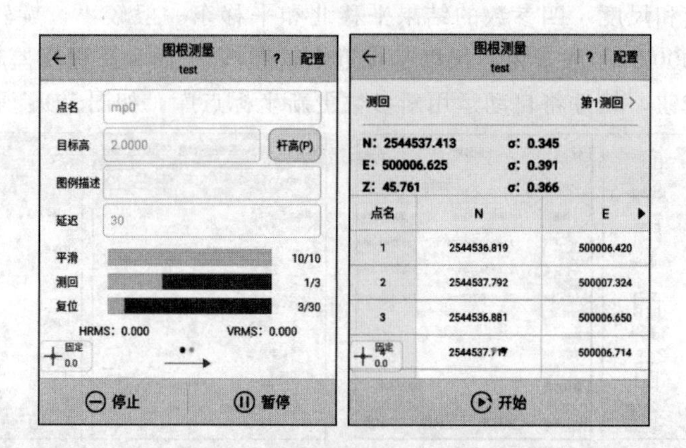

点名	N	E
1	2544536.819	500006.420
2	2544537.792	500007.324
3	2544536.881	500006.650
4	2544537.1[illegible]	500006.714

图 1-18 图根点测回详细平滑数据

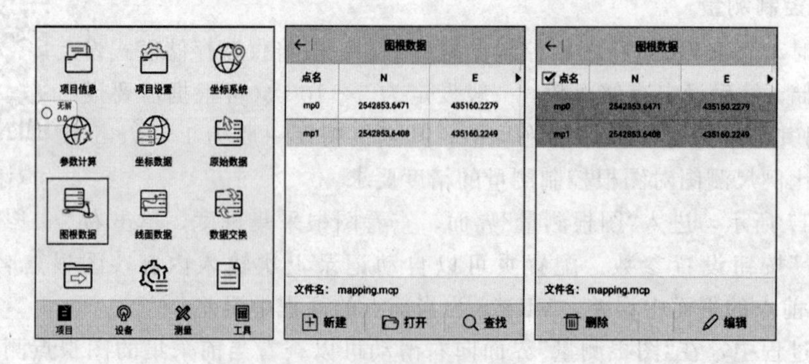

点名	N	E
mp0	2542853.6471	435160.2279
mp1	2542853.6408	435160.2249

图 1-19 图根数据查看

每人完成填写记录本中表格：

表 1-8　坐标转换信息表(选做)

表 1-9　RTK 图根控制点记录表(选做)

任务三　地形图测绘

任务描述

地形图测绘是按照一定的作业方法，对地物地貌及其他地理要素进行测量并综合表达的技术。在控制测量的基础上进行地形测图，主要有全站仪测图、GNSS-RTK 测图和平板测图三种方法。本任务需要在控制测量的基础上，采用全站仪或 RTK 测绘纸质地形图。首先，进行碎部点数据采集，即测定地物的轮廓点或中心位置、地貌的坡度变换点或方向变换点的平面位置和高程；其次，绘制图幅的坐标格网，按坐标展绘控制点；最后，根据控制点，将有关地物、地貌按比例尺用规定符号描绘在绘图纸上。有条件时，利用软件绘制数字地形图。

【技术原理】

微课：地形图的基本知识

(1)全站仪数据采集原理：将全站仪安置于测站点上，选定三维坐标测量模式后，首先输入仪器高 i、目标高 l 及测站点的三维坐标(x_A，y_A，H_A)；照准另一已知点，设定方位角；再照准目标 P 上的反射棱镜；按坐标测量键，仪器就会按式(1-29)利用自身内存的计算程序自动计算，并瞬时显示出目标点 P 的三维坐标(x_A，y_A，H_A)。其中，高程测量是根据三角高程测量的原理得到的。

$$\begin{cases} x_P = x_A + S \cdot \cos\alpha\cos\theta \\ y_P = y_A + S \cdot \cos\alpha\sin\theta \\ H_P = H_A + S \cdot \sin\alpha + i - l \end{cases} \tag{1-29}$$

式中　S——仪器到反射棱镜的斜距；

α——仪器到反射棱镜的竖直角；

θ——仪器到反射棱镜的方位角。

因此，全站仪三维坐标测量原理实质上综合了坐标正算及三角高程测量的原理。

(2)GNSS-RTK 数据采集原理：在基准站上安置一台 GNSS 接收机，另一台或几台接收机置于载体(称为移动站)上，基准站和移动站同时接收同一时间相同 GNSS 卫星发射的信号，基准站所获得的观测值与已知位置信息进行比较，得到 GNSS 差分改正值，然后将这个改正值及时地通过无线电数据链电台传递给共视卫星的流动站以精化其 GNSS 观测值，得到差分改正站较准确的实时位置。

(3)等高线绘制原理：等高线指的是地形图上高程相等的点所连成的闭合曲线，也可以看作是不同高程的水平面与地面的交线，把这些交线正射投影到一个水平面上，并按比例缩小绘在图纸上，就得到等高线。

【技术规范】

1.《工程测量标准》(GB 50026—2020)

《工程测量标准》(GB 50026—2020)规定：地形测量数据源的获取，宜采用 RTK 测图、全站仪测图、地面三维激光扫描测图、移动测量系统测图、低空数字摄影测图、机载激光雷达扫描测图及扫描数字化等方法。

2.《全球定位系统实时动态测量(RTK)技术规范》(CH/T 2009—2010)

RTK 地形测量中对碎部点的技术要求见表 1-13。

表 1-13 RTK 地形测量主要技术要求

等级	点位中误差/mm	高程中误差	与基准站的距离/km	观测次数	起算点等级
碎部点	≤±0.5	符合相应比例尺成图要求	≤10	≥1	平面图根、高程图根以上
注：①点位中误差指控制点相对于最近基准站的误差。 ②用网络 RTK 测量可不受流动站到基准站间距离的限制，但宜在网络覆盖的有效服务范围内					

(1)RTK 碎部点测量时，地心坐标系与地方坐标系的转换关系可以在测区现场通过点校正的方法获取，当测区面积较大，采用分区求解转换参数时，相邻分区应不少于 2 个重合点。

(2)RTK 碎部点测量平面坐标转换残差应小于等于图上±0.1 mm。RTK 碎部点测量高程拟合残差应小于等于 1/10 等高距。

(3)RTK 碎部点测量流动站观测时可采用固定高度对中杆进行对中、整平，每次观测历元数应大于 5 个。

(4)连续采集一组地形碎部点数据超过 50 个点，应重新进行初始化，并检核一个重合点。当检核点位坐标较差小于等于图上 0.50 mm 时，方可继续测量。

3.《国家基本比例尺地图图式 第 1 部分：1∶500 1∶1 000 1∶2 000 地形图图式》(GB/T 20257.1—2017)

本指导书参照《国家基本比例尺地图图式 第 1 部分：1∶500 1∶1 000 1∶2 000 地形图图式》(GB/T 20257.1—2017)在附录 1 中列出了本实训中常用的一些地形图图式。

【实施步骤】

微课：地形图图式

(一)确定测图方法

测图数据采集的方法主要有以下几种。

1. 极坐标法

以已知控制边方向为基准，测量水平角 β 和水平距离 D，以此确定碎部点的平面位置的测图方法称为极坐标法。按所用仪器的不同可分为经纬仪测图、平板仪测图、全站仪测图。

2. 直角坐标法

以邻近碎部点的两个控制点的连线假定为 x 轴，找出碎部点在 x 轴上的垂足，用钢尺测量垂距即可确定碎部点的位置称为直角坐标法。此方法适用于地物规整，碎部点较近的场合。

3. 方向交会法

利用已知控制点(三个以上)作基本方向，用全站仪测量基本方向与碎部点方向之间的水平夹角 β_1、β_2，进行方向交会确定碎部点的位置称为方向交会法。此方法适用于不方便量距和碎部点较远的场合。

4. 距离交会法

利用控制点 A、B，测量控制点 A、B 与碎部点 P 的水平距离 D_{AP} 和 D_{BP}，进行距离交会，便可确定碎部点的位置的测图方法称为距离交会法。

5. 全站仪测图法

以已知控制点为测站点与后视点，依次测定一定范围内碎部点的三维坐标(x，y，H)，以此确定碎部点位置的测图方法称为全站仪测图法。

6. RTK 测图法

将 GNSS 静态接收机安置于控制点，手持移动 RTK 立于碎部点，以此测定碎部点坐标的测图方法称为 RTK 测图法。

注：本实训测图以全站仪测图法或 RTK 测图法为主，也可根据实训条件，配合直角坐标法、方向交会法、距离交会法等方法进行。

(二)选择碎部点及跑点的顺序

碎部点的选择和跑点的顺序对提高测图的准确性和测图效率影响很大，因此应引起重视。

微课：大比例尺地形图的测绘

1. 选择碎部点的要求

碎部点应选择在地物、地貌特征点上，并且设法用最少的特征点，方便准确地反映地物位置、轮廓和地面坡度的变化。

地物特征点应选择地物轮廓的转折点、角点、交叉点及非比例地物的中心点等。实训场地的各类建(构)筑物及其主要附属设施均应进行测绘。临时性建筑可不测。建(构)筑物宜用其外轮廓表示，房屋外廓以墙角为准。主要道路中心在图上每隔 5 cm 处和交叉、转折、起伏变换处，应测注高程点。各种管线的检修井，电力线路、通信线路的杆(塔)，架空管线的固定支架，应测出位置并适当测注高程点。

地貌特征点应选择山顶或丘陵最高点、鞍部或盆地最低点、山脊线或山谷线上坡度变化点、山脚等地貌急剧变化的交界处等。

2. 碎部点的密度要求

地形点之间在图上的最大距离不应超过 3 cm。具体跑点的密度要求见表 1-14。

表 1-14　各种比例尺的地形点间距以及最大视距长度要求

测图比例尺	地形点的最大点位间距/m	最大测距长度		高程标记/m
		地物点	地形点	
1∶500	15	160	300	0.01
1∶1 000	30	300	500	0.01
1∶2 000	50	450	700	0.10

3. 跑点的方法

跑点员应与观测员、绘图员事先商量，拟订跑点方案。

(1)区域法：将测站周围分成几块，按照分块测绘。

(2)方向顺序法：从基准方向起，按顺时针方向将碎部点依次编号，按号跑点。

(3)螺旋跑点法：以测站为中心，由里向外发散或由外向里收缩，一圈一圈地跑点。

(4)等高线法：沿着同一高度按“之”字形路线跑点。

(5)地性线法：沿山脊线、山谷线、山脚线跑点。

(三)全站仪草图法数据采集

1. 作业步骤

(1)准备工作。在图根点上架设全站仪，量取仪器高。启动仪器，设置测距相关参数(大气温度、大气压、使用的校镜常数等)。进入数据采集程序，新建保存本次数据的文件。

(2)设置测站点。输入测站点点号、平面坐标、高程、仪器高。

(3)设置后视点。输入后视点点号、平面坐标、高程、棱镜高，照准后视点完成定向。为确保设站无误，定向完成后需要测量后视点或其他图根点进行检核，若坐标差值在规定的范围内，即可开始采集数据，检核不通过则需要重新定向。

(4)碎部点测量。上述工作完成后，即开始碎部点数据采集。照准目标点，输入棱镜高，按测量键即可测量碎部点坐标。每观测一个碎部点，观测员都要与立镜员核对该点的点号、属性、棱镜高并存入全站仪的存储器中。

限于实地的复杂条件，全站仪外业数据采集时不可能观测到所有的碎部点，对于这些碎部点可利用皮尺或钢尺量距，将丈量结果记录在草图上。然后，在内业时依据丈量的距离展绘图形。

2. 技术要求

(1)全站仪的测距标称精度，固定误差不应大于 10 mm，比例误差系数不应大于 5 ppm(1 ppm$=10^{-6}$)。

(2)全站仪的仪器安置及测站检核，应符合下列要求。

1)仪器的对中偏差不应大于 5 mm，仪器高和反光镜高的量取应精确至 1 mm。

动画：全站仪数字测图

2)应选择较远的图根点作为测站定向点，并施测另一图根点的坐标和高程，作为测站检核。检核点的平面位置较差不应大于图上 0.2 mm，高程较差不应大于基本等高距的 1/5。

3)作业过程中和作业结束前，应对定向方位进行检查。

(3)当布设的图根点不能满足测图需要时，可采用极坐标法增设少量测站点。

(4)全站仪测图的测距长度不应超过表 1-14 的规定。

(5)测图的应用程序应满足内业数据处理和图形编辑的基本要求。数据传输后，宜将测量数据转换为常用数据格式。

(6)草图法作业时，应按测站绘制草图，并应对测点进行编号。测点编号应与仪器的记录点号相一致。草图的绘制宜简化标示地形要素的位置、属性和相互关系等。

(7)在建筑密集的地区作业时，对于全站仪无法直接测量的点位，可采用支距法、线交会法等几何作图方法进行测量，并记录相关数据。

(8)当采用手工记录时，观测的水平角和垂直角宜读记至秒，距离宜读记至 cm，坐标和高程的计算(或读记)宜精确至 1 cm。

(9)全站仪测图可按图幅施测，也可分区施测。按图幅施测时，每幅图应测出图廓线外 5 mm；分区施测时，应测出区域界线外图上 5 mm。

(10)对采集的数据应进行检查处理，删除或标注作废数据，重测超限数据，补测错漏数据。对检查修改后的数据，应及时与计算机联机通信，生成原始数据文件并做备份。

（四）GNSS-RTK 草图法数据采集

图根控制测量采用 RTK 图根控制测量方法时，在坐标转换参数计算完成后，直接进入 RTK 碎部测量；但是，图根控制测量采用其他方法，RTK 碎部测量前，需要先进行仪器架设、新建项目、仪器设置、坐标转换参数计算，具体方法见“RTK 图根控制测量”。

碎部测量有平滑采集、自动采集和手动采集三种采集方式。平滑采集时，采集多次坐标取平均值；自动采集时，设置时间或距离间隔，按设置自动采集；手动采集时，移动站到达测量位置，跟踪杆气泡居中，按键盘或屏幕存储碎部点坐标，即完成测量。

这里以手动采集方式为例，在主界面“测量”页面单击“碎部测量”按钮，进入图形界面。单击左上角“文本”按钮，进入“文本”界面，如图 1-20 所示。在该界面输入点名、目标高。固定解状态下，单击完成测量并保存所测数据。保存后，点名编号自动加 1。按上述步骤测量其他碎部点坐标。

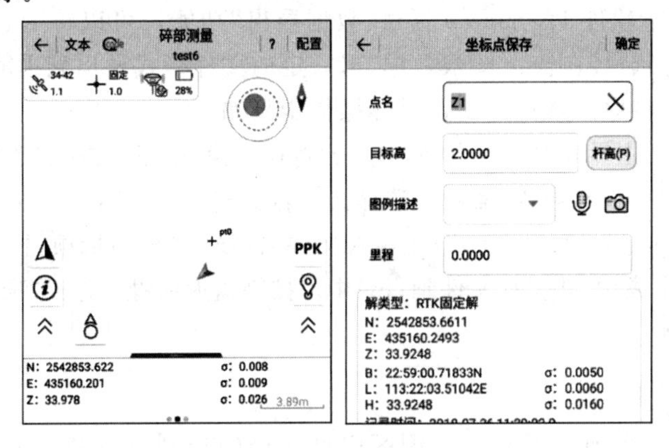

图 1-20　碎部测量

在移动站进行数据采集时，始终安排一个工作人员跟随绘制草图，将所测碎部点的点号、属性、连接信息等内容记录下来，供内业成图时使用。

（五）数据的传输与转换

外业数据采集完成后，可利用 CASS 软件绘制数字地形图。要使用成图软件绘制地形图，首先需要将外业采集的点号、平面坐标、高程等数据传输到计算机。全站仪与 RTK 的传输过程不太相同。

1. 全站仪数据传输与转换

(1)全站仪数据传输。全站仪与计算机之间的通信需要有驱动程序，不同厂家的全站仪都有自己的数据传输程序，都可以实现将数据传输到计算机中。

(2)全站仪数据转换。不同厂家的全站仪上传至计算机的数据格式不尽相同，这些数据必须编辑成 CASS 专用的 dat 文件格式后，才能在 CASS 软件中展出。

每个点号数据在 dat 文件中显占一行。每行数据格式为点号、编码、E 坐标、N 坐标、高程。一般可以通过 Excel 软件将不同格式的数据文件转换成 .dat 文件格式。其步骤如下：

1)由全站仪数据传输程序将观测数据传输到计算机，并存储为坐标数据文件。文件类型为逗号分格的文本文件。该文本文件每行数据也包括点号、E 坐标、N 坐标、高程、编码等数据，但各数据顺序与 dat 文件不同。而具体的数据顺序需要查询数据传输程序相关文件格式说明。

2)更改文本文件为 csv 文件，即扩展名改为 . csv 格式。

3)在 Excel 中打开 csv 文件，调整列顺序，使之于 dat 文件数据顺序(点号，编码，E 坐标、N 坐标，高程)一致。注意：E 坐标和 N 坐标的顺序不能互换，点号与 E 坐标之间如果没有该点的编码值，一定要留出空列。

4)保存文件为 . csv 格式。

5)更改保存好的 csv 文件，修改文件扩展名为 . dat 格式。该 dat 文件即可在 CASS 文件中展出。

2. GNSS-RTK 数据传输与转换

RTK 碎部测量的数据都储存在电子手簿中。RTK 测量软件可以将所测的原始数据导出 CASS 软件专用的 dat 文件到电子手簿存储器中。将电子手簿与计算机连接后，即可将电子手簿存储的 dat 文件复制到计算机中。

中海达 RTK 测量软件 Hi-Survey 通过“数据导出”功能，可以将 RTK 测量软件中的数据(原始数据、放样点、控制点、图根数据)以一定的文件格式导出到手簿存储器中。

地形图测绘需要将原始数据导出，具体操作步骤如下。

在 Hi-Survey 软件主界面“项目”页面，单击“数据交换”按钮，进入“数据交换”页面，单击“原始数据”→“交换类型”→“导入”命令，选择文件名格式“南方 CASS7. 0(*. dat)”、文件存储目录(设为“storage/sdcard0/ZHD/Out”)，输入文件名(设为“某测量项目 . dat”)，单击“确定”按钮，显示“数据导出成功”并保存文件到目录中，按键盘返回键，返回“项目”页面。

(六)地形图的绘制

1. 纸质地形图绘制

(1)资料准备。绘图前，需要收集测区内已测得的控制点资料、测图规范、地形图图式等。

(2)选择比例尺。比例尺精度相当于图上 0. 1 mm 所表示的实地水平距离。根据需要在图上表示的实地最小距离或最小物体的轮廓可以确定比例尺。例如，欲表示实地最短线段长度为 0. 1 m，则测图比例尺不得小于 1∶1 000(0. 1 mm/0. 1 m=1∶1 000)。

注：本实训可根据测图的范围选择 1∶500 或 1∶1 000 的比例尺。

(3)选择图幅大小。地形图分幅的方法有梯形分幅与矩形分幅。梯形分幅即按经纬线分幅，主要用于中小比例尺地形图；矩形分幅即按坐标格网分幅，主要用于大比例尺地形图。

1∶500、1∶1 000、1∶2 000、1∶5 000 大比例尺地形图采用矩形图幅。图幅大小见表 1-15。

表 1-15 大比例尺地形图的图幅大小

比例尺	图幅大小/(cm×cm)	实地面积/km^2	1∶5 000 图幅内的分幅数	每 km^2 图幅数
1∶5 000	400×400	4	1	0. 25
1∶2 000	500×500	1	4	1
1∶1 000	500×500	0. 25	16	4
1∶500	500×500	0. 062 5	64	16
本实训选择的图幅大小为 500 mm×500 mm				

(4)图纸准备。准备 250 g 以上白图纸，绘制 500 mm×500 mm 的地形图需准备 800 mm×

1 000 mm 的图纸。

(5)绘制坐标格网。绘制坐标格网是指为地形图测绘建立的直角坐标系。在图纸上绘制 10 cm×10 cm 直角坐标方格网。

坐标格网的绘制方法有“对角线法”“坐标网格尺法”，或采用 CAD 绘制，也可以购买现成的坐标格网纸。

注：本实训一般采用对角线法，使用直尺和分规绘制坐标格网。也可用 CAD 绘制并打印坐标格网。

对角线法的绘制坐标格网的方法如图 1-21 所示。具体步骤如下：

1)在图纸上用直尺画两条对角线，得中心点 O；

2)用分规以 O 点为圆心，沿向四个对角方向量取等长(留边约 10 cm)线段，得 A、B、C、D 四点，并用虚线相连接得一矩形；

3)从 A、D 点起沿 AB、DC 方向作 10 cm 等分点 5 个；

4)再从 A、B 点起沿 AD、BC 方向作 10 cm 等分点 5 个；

5)纵横连接各对应等分点，并擦去多余部分。

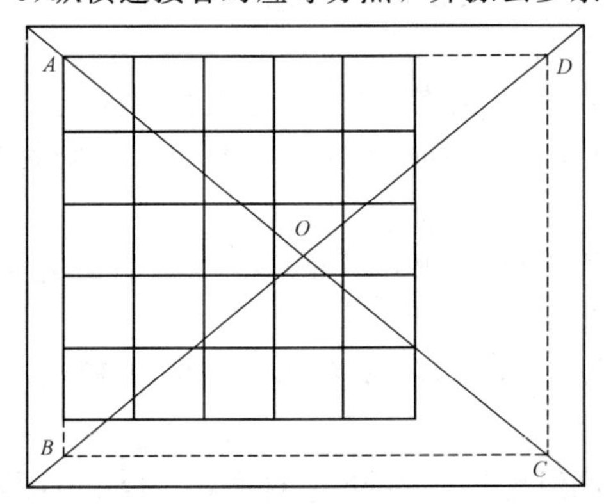

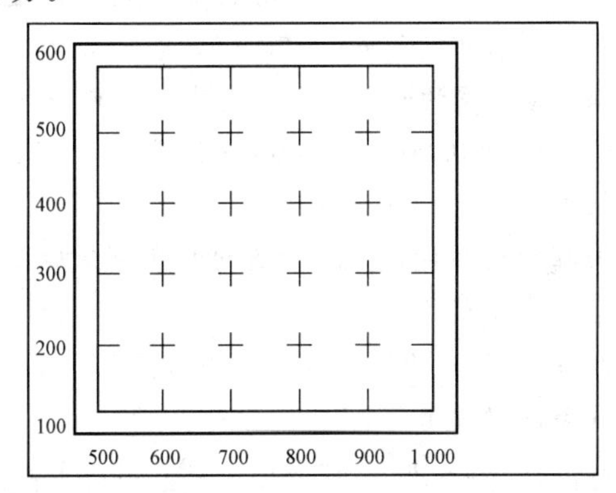

图 1-21 坐标格网示意

注：1)内外图廓线绘制要求：

①内图廓线宽 0.25 mm，外图廓线宽 1 mm，内外图廓间距为 11 mm；

②十字短线长 10 mm，内图廓上的坐标网线向图内测绘长 5 mm 的短线。

2)坐标格网的技术要求：

①坐标网格上下左右间距 10 cm 与理论值相差不超过±0.2 mm；

②小方格网对角线与理论值 14.14 cm 相差不超过±0.3 mm；

③长对角线过小方格顶点的偏离值不超过±0.2 mm(垂直度检查)。

(6)展绘控制点。

1)设计地形图的西南角坐标。根据各控制点的 x、y 坐标，选择合适的西南角坐标，使测区控制点全部落到内图廓内且使导线居于图廓正中位置上。

2)确定控制点所在方格，把握该方格的西南角坐标($x_{格}$，$y_{格}$)。

3)按式(1-30)计算坐标余量 $x_{余}$、$y_{余}$。

$$\begin{cases} x_{余} = \dfrac{x_{测} - x_{格}}{M} \\ y_{余} = \dfrac{x_{测} - x_{格}}{M} \end{cases} \tag{1-30}$$

4)从控制点所在方格的西南角起，分别向 x 轴和 y 轴方向量取 $x_{余}$，$y_{余}$，确定点位并描点。

5)检查：量取相邻控制点之间图上距离，和已知距离相比较，最大误差不应超过图上±0.3 mm。否则，应重新核对点的坐标，进行改正。

6)标注控制点：展绘在图纸上的控制点要注明点号和高程。一般可在控制点的右侧以分数形式注明，如$\frac{D02}{199.502}$，分子为点号，分母为高程。

【例 1-1】 已知坐标 *A* 点(1 000.00，1 000.00)，*B* 点(890.10，1 061.36)，*C* 点(947.22，1 213.88)，*D* 点(1 074.15，1 162.73)。若测图比例尺为 1∶500，试绘制坐标格网并展绘该四个控制点。

【解】 ①用对角线法绘制坐标格网。

②设计西南角坐标：

1∶500 的内图廓实际边长是 250 m×250 m，小格网的实际边长是 50 m×50 m(图上 10 cm×10 cm)。四个点的最大相对坐标差为

$\Delta x_{max} = 1\,074.15 - 890.10 = 184.05$ $\Delta y_{max} = 1\,213.88 - 1\,000.00 = 213.88$

最小坐标值为：$x_B = 890.05$，$y_A = 1\,000.00$。

若该地形图的西南角坐标设计为(800.00，900.00)，则最远的点，*C* 点离 *x* 轴 313.88 m (1 213.88－900.00)，*D* 点离 *y* 轴是 274.15 m(1 074.15－800.00)。显然，*C*、*D* 两点已经在内图廓之外，设计失败。

同理经过核计，该地形图的西南角坐标应设计为(850.00，975.00)。

③各点坐标所在格网：

A 点(1 000，975)；*B* 点(850，1 025)；*C* 点(900，1 175)；*D* 点(1 050，1 125)。

④各点坐标余量：

A 点(0，25.00)；*B* 点(40.10，36.36)；*C* 点(47.22，38.88)；*D* 点(24.15，37.73)。

⑤从所在格网西南角点起，量取坐标余量，并展点，如图 1-22 所示。

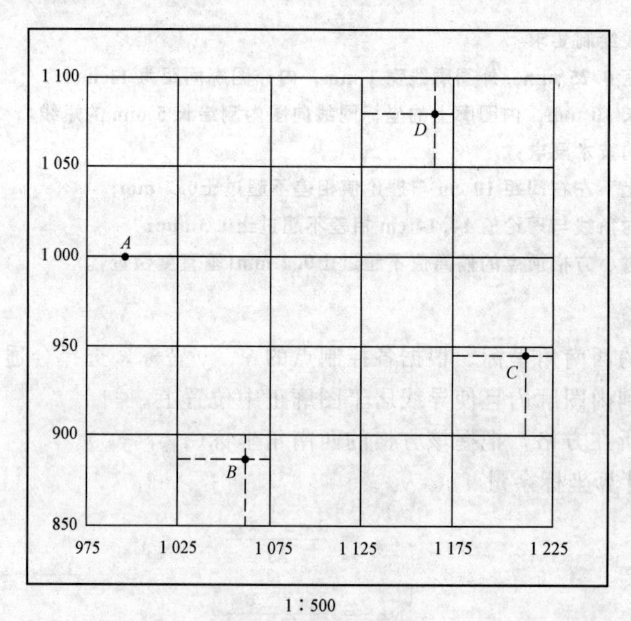

图 1-22 实例示意

(7)地形图的绘制。

1)地物描绘。按地形图图式符号，依次连接同一地物的特征点，描绘地物轮廓线。如井盖、路灯等非比例符号表示的地物直接在其点位上绘制出符号。这一过程最好采用“边测边绘”的方式。

当建(构)筑物轮廓凹凸部分在1∶500比例尺图上小于1 mm或在其他比例尺图上小于0.5 mm时，可采用直线连接。独立性地物的测绘能按比例尺表示的，应实测外廓，填绘符号；不能按比例尺表示的，应准确表示其定位点或定位线。

2)地貌勾绘。地貌勾绘即等高线的勾绘。在地性线上已测定的两特征点之间，按照基本等高距，采用“取头定尾等分中间”的方法，插入整数高程点。将同一高程点用光滑的曲线连接就形成首曲线，再描绘计曲线并标注高程。缓坡地段视需要插入助曲线或间曲线。

注：公路实训场所地形起伏，根据实际情况勾绘等高线；地形平坦处，以地物为主时，可主要绘制地物，按一定要求标注高程散点。

3)注记。各种注记的配置，应分别符合下列规定：

①文字注记，应使所指示的地物能明确判读。一般情况下，字头应朝北。道路、河流名称，可随现状弯曲的方向排列。各字侧边或底边，应垂直或平行于线状物体。各字间隔尺寸应在0.5 mm以上；远间隔的也不宜超过字号的8倍。文字注记应避免遮断主要地物和地形的特征部分。

动画：地貌测绘

②高程的注记，应注于点的右方，离点位的间隔应为0.5 mm。

③等高线的注记字头，应指向山顶或高地，字头不应朝向图纸的下方。

(8)地形图的检查和整饰。

1)检查。地形图的检查可分为室内检查与室外检查。室内检查主要检查图上的地物、地貌的符号及注记有无不符之处；室外检查主要是将图上地物、地貌和实地察看时的地物、地貌对照检查。

2)整饰。清绘整饰程序是先图内，后图外；先地物，后地貌；先注记，后符号。先图内，后图外，用光滑线条清绘地物及等高线，擦去不必要的线条、符号和数字，用工整的字体进行注记。最后进行图廓外标注。

图廓外标注的内容包括以下几项：

①在图廓正上方注明图名(图名可以是地名或企事业单位名称，图名为两个字的字间隔为两个字；图名为三个字的字间隔为一个字，图名为四个以上字的字间隔一般为2～3 mm)；

②图廓的左上方为邻接图表；

③图廓正下方注明比例尺；

④图廓左下方分三行注明坐标系，高程基准、等高距及测绘年月；

⑤图廓外右下方注明班级、组别、组长、清绘者及全组成员姓名。

图廓整饰样式可参考《国家基本比例尺地图图式 第1部分：1∶500　1∶1 000　1∶2 000地形图图式》(GB/T 20257.1—2017)附录C中的图C.1。

注：本实训要求学生完成一幅500 mm×500 mm图幅的纸质地形图。

2. 电子地形图绘制

有条件时，每组根据各自的控制测量与碎部测量的外业数据，利用CASS软件绘制电子地形图一幅。

外业采集的数据传输到计算机中，并转换为CASS专用的dat格式文件后，即可利用该dat文件、数据采集过程中所画草图用CASS成图软件绘制地形图。

(1)绘制地物。

1)展点号。将dat文件中记录的碎部点的点号根据坐标展绘制在CASS工作窗口。

执行“绘图处理”→“展野外测点点号”命令，定位到数据文件所在文件夹，选择dat数据文件，将点号展出。

2)绘制地物。CASS软件根据现行的《国家基本比例尺地图图式 第1部分：1∶500 1∶1 000 1∶2 000地形图图式》(GB/T 20257.1—2017)将所有的地物进行分类，并列示在屏幕右侧地物绘制菜单区。根据野外作业时绘制的草图，移动鼠标至地物绘制菜单，首先选择地物所属类型，再选择相应的地物绘制命令，根据命令提示就可以在软件绘图区将地物的地形图图式(符号)绘制出来。

各种地物符号是按地物的分类绘制在相应的图层中。例如，所有表示测量控制点的符号都绘制在“KZD”(控制点)图层，所有表示房屋及其附属设施的符号都绘制在“JMD”(居民地)图层，所有表示独立地物的符号都放在“DLDW”(独立地物)图层，所有表示植被土质的符号都绘制在“ZBTZ”(植被土质)图层。具体绘制过程，此处不再详述。

CASS系统提供了两种点位的捕捉方式，即使用光标直接在屏幕上捕捉和输入点号捕捉。如果需要在坐标定位的过程中使用点号定位，可以单击屏幕菜单上的“坐标定位”菜单项关闭坐标定位，然后在显示出的菜单项中单击“点号定位”按钮，系统会提示打开展点的数据文件。再次打开该数据文件后即进入点号定位状态，在点号定位状态下只需在命令行提示状态下输入点号就可以绘图了。如果想回到鼠标定位状态时，可根据命令行提示按“P”键即可。

利用地物绘制菜单的相关命令可以将所有测点用地形图图式符号绘制出来。在操作的过程中可以嵌用CAD的透明命令，如放大显示、移动图纸、删除、文字注记等。

(2)绘制等高线。

1)展高程点。单击“绘图处理”菜单下的“展高程点”按钮，将弹出“数据文件”对话框，找到数据文件所在路径，单击“确定”按钮，命令区提示：注记高程点的距离(米)〈直接回车全部注记〉：直接回车，表示不对高程点注记进行取舍，全部展出来。

2)建立DTM模型。单击“等高线”菜单下“建立DTM”按钮，弹出对话框。根据需要选择建立DTM的方式和坐标数据文件名，然后选择建模过程是否考虑陡坎和地性线，单击“确定”按钮，生成DTM模型。

3)绘制等值线。单击“等高线”菜单下“绘制等值线”按钮，在弹出的对话框中，输入等高距和选择拟合方式后，单击“确定”按钮，即可绘制出等高线。

4)删除或不显示三角网。当前图形界面仍显示三角网，该三角网有两种处理方式。

①不显示三角网：关闭“三角网”所在图层。

②删除三角网：单击“等高线”菜单下“删三角网”按钮。

另外，关闭GCD*(高程点)图层，则不显示各高程点坐标。

5)等高线修剪。利用“等高线”菜单下“等高线修剪”子菜单中的相关命令修剪等高线。单击“批量修剪等高线”按钮，软件将自动搜寻穿过各类地物(如建筑物、陡坎等)及注记(高程注记、文字注记等)的等高线并将其进行修剪。单击“切除指定二线间等高线”，依提示依次用鼠标左键选取两条线(如道路两边线)，CASS将自动切除两条线间的等高线。单击“切除指定区域内等高线”，依提示选择封闭区域，CASS将自动切除封闭区域内的等高线。

(3)加注记。单击右侧屏幕菜单的“文字注记”分类项中的“通用注记”，弹出“文字注记信息”界面。

如果是线状地物的注记，需要在添加文字注记的位置绘制一条拟合的多功能复合线，然后在“注记内容”中输入文字，如“科技路”，并选择注记排列和注记类型，输入文字大小等，单击“确定”按钮后选择绘制的拟合的多功能复合线即可完成注记。

(4)图幅整饰。单击“绘图处理”菜单下的“标准图幅(50×50)”，在弹出的界面中，“图名”栏里输入“某区域地形图”；在“左下角坐标”的“东”“北”栏内分别输入坐标值；在“删除图框外实体”栏前打勾，然后单击“确认”按钮，图幅整饰完成。

【注意事项】

(1)地形测绘前，要先到现场了解测区的大致地形，制订测图计划。

(2)在地形测量中，全站仪“设站”的时候一定要检核，在“搬站”之前一定要检查是否这一站周围的所有地物已都测完。

(3)全站仪若以盘左定后视，则用盘左进行前视测量；若以盘右定后视，则以盘右进行前视测量。

(4)尽量在测站的可视范围进行数据采集，在通视不良的地方或者需要通过举高对中杆来观测时，则需用支导线法引控制点到附近设站，再采集数据，避免由于对中杆偏离地物点位而带来的人为误差。图根支导线的水平角观测可用全站仪施测左、右角各1测回，其圆周角闭合差不应超过40″。边长应往返测定，其较差的相对误差不应大于1/3 000。导线平均边长及边数，不应超过表1-16的规定。

表1-16　图根支导线平均边长及边数

测图比例尺	平均边长/m	导线边数
1∶500	100	3
1∶1 000	150	3
1∶2 000	250	4
1∶5 000	350	4

(5)跑点员在跑点时要将棱镜立在地物特征点上，立尺时要尽量保证棱镜杆竖直。

(6)外业进行数据采集时，要实时注意地物地貌的变化，尽可能详细记录。在采集等高线点时，在等高线的特征点立尺，对于不规则的地貌可多测一些点，一些细小的变化可通过手工来完成。

(7)对于规则的地物，如建筑物、草坪等，最好能按其顺序进行测量。

(8)实训中，白天外业观测的同时做好草图的绘制，晚上参考草图绘图。也可在现场边测边绘。人工实地绘制草图时，在草图上标明点号，随时和观测员互通点号，防止出错。

(9)实训中，测绘的成果可能不是很重要，但工作中，测绘成果往往是国家的机密，一些重要的成果关系到国家的安全。因此要养成妥善保管测绘成果的习惯。

【成果要求】

(1)每人完成填写记录本中表1-11、表1-12，表1-10、表1-13根据测图及实训条件需要做。

表1-10 全站仪支导线测量记录表(根据需要填写)

表1-11 全站仪(或RTK)碎部测量记录表

表1-12 全站仪(或RTK)碎部测量草图表

表1-13 RTK地形测量信息表(根据需要填写)

(2)每组完成纸质地形图1幅(1∶500或1∶1 000)；有条件时，完成电子地形图1幅。如果是成电子地形图，需提交导出数据文件和成果图。

【主题讨论】

阅读以下思政素材，谈谈我们新时代测绘工作者如何发扬光大珠峰测量精神。

2020年12月8日，国家主席习近平同尼泊尔总统班达里互致信函，共同宣布珠穆朗玛峰最新高程——8 848.86 m。

2020珠峰高程测量，是继2005年之后，我国测绘工作者再次重返世界之巅测量珠峰高程，也是新中国建立以来开展的第7次大规模珠峰测绘和科考工作。2020年是人类首次从北坡成功登顶珠峰60周年、中国首次精确测定并公布珠峰高程45周年。此前，中国测绘工作者分别于1966年、1968年、1975年、1992年、1998年、2005年对珠峰进行过6次大规模的测绘和科考工作。2020珠峰高程测量获得圆满成功，来之不易，意义重大，在我国珠峰测绘史上树立起一座新的里程碑。

珠穆朗玛峰是世界最高峰，珠穆朗玛峰的唯一性与最高性，使其成为人类十分宝贵的自然地理资源。攀登珠峰，认识珠峰，测量珠峰，象征着人类追求最高、最强、最好的科技结晶与精神境界。

地球之巅珠穆朗玛峰的地形地貌、准确高度，素为世人瞩目。历史老人攥着一把卡尺和一支绘笔，人类认知珠峰的历史，最早是从仰视其高度、描绘其地形地貌开始的，从某种意义上说，这部历史也是一部已经有300多年的测绘史。应该说，珠峰的测绘史，从一个侧面反映了人类对世界最高峰的认识过程。珠穆朗玛峰到底有多高，近代历史上众说纷纭，测量珠峰高程，描绘珠峰地形地貌，是人类认识地球、了解自然的过程，也是人类检验科技水平、探索科技发展的过程。

在我国多次开展的珠穆朗玛峰高程测量的壮丽进程中，一以贯之地凝聚着我国测绘工作者勇攀高峰的智慧和心血，坚持不懈地传承着测绘队伍挑战极限、理性探索的优良品格，百折不挠地形成了难能可贵的珠峰测量精神——勇攀高峰的探索精神、不断创新的科学精神、艰苦卓绝的奋斗精神。

2020珠峰高程测量，实现了极地测量多方面的新突破，充分显示了我国测绘工作的整体技术实力和管理水平。参加这次测量活动的全体队员，在极为险恶的环境中，克服一个个困难，排除一个个险阻，特别能吃苦，能忍耐，能战斗，能奉献。他们的壮举，他们的精神，进一步焕发了中国测绘勇攀创新高峰的风采，激励全国测绘人在各自的岗位上更加出色地工作，让“艰苦奋斗，无私奉献”的测绘精神，又一次在世界之巅闪耀。

附表：地形图测绘实训记录计算样表

样表 1-1　水平角观测记录计算表

仪器型号：ZT20 Pro　　观测日期：10.28　　天气：晴　　观测：　　记录：

测站	竖盘位置	目标	水平度盘读数 /(° ′ ″)	半测回角值 /(° ′ ″)	一测回角值 /(° ′ ″)	备注
D01	左	D07	0 00 10	158 07 41	158 07 38	
		D02	158 07 51			
	右	D07	180 00 15	158 07 34		
		D02	338 07 49			
D02	左	D01	0 00 10	94 49 12	94 49 12	
		D03	94 49 22			
	右	D01	180 00 04	94 49 13		
		D03	274 49 17			
D03	左	D02	0 00 10	90 24 34	90 24 34	
		D04	90 24 44			
	右	D02	180 00 14	90 24 34		
		D04	270 24 48			
D04	左	D03	0 00 10	179 48 50	179 48 55	
		D05	179 49 00			
	右	D03	180 00 02	179 49 00		
		D05	359 49 02			
D05	左	D04	0 00 10	90 28 11	90 28 19	
		D06	90 28 21			
	右	D04	179 59 56	90 28 27		
		D06	270 28 23			
D06	左	D05	0 00 10	123 33 12	123 33 16	
		D07	123 33 22			
	右	D05	180 00 07	123 33 20		
		D07	303 33 27			
D07	左	D06	0 00 10	162 48 54	162 48 56	
		D01	162 49 04			
	右	D06	180 00 15	162 48 58		
		D01	342 49 13			

样表 1-2 水平距离观测记录计算表

仪器型号：ZT20 Pro 观测日期：10.29 天气：晴 观测： 记录：

边名		水平距离/m	距离平均值/m	相对误差 K	备注
起点	终点				
D07	D01	148.769	148.777	$\frac{1}{9\ 298}$	
D01	D07	148.785			
D01	D02	110.624	110.620	$\frac{1}{15\ 820}$	
D02	D01	110.617			
D02	D03	327.272	327.270	$\frac{1}{109\ 090}$	
D03	D02	327.269			
D03	D04	113.844	113.838	$\frac{1}{8\ 756}$	
D04	D03	113.831			
D04	D05	261.172	261.158	$\frac{1}{9\ 327}$	
D05	D04	261.144			
D05	D06	209.604	209.592	$\frac{1}{9\ 112}$	
D06	D05	209.581			
D06	D07	151.346	151.338	$\frac{1}{10\ 089}$	
D07	D06	151.331			

样表 1-3　全站仪导线计算表

仪器型号：ZT20 Pro　　观测日期：10. 30　　天气：晴　　计算：　　复核：

点号	观测值(左)/(° ′ ″)	角度改正值/(″)	改正后角度值/(° ′ ″)	坐标方位角/(° ′ ″)	各导线边长/m	纵坐标增量(Δx)/m			横坐标增量(Δy)/m			纵坐标 x/m	横坐标 y/m
						计算值	改正数	改正后值	计算值	改正数	改正后值		
D01												1 000.000	1 000.000
				267 03 47	110.620	−5.668	0	−5.668	−110.475	+0.004	−110.471		
D02	94 49 12	−07	94 49 05									994.332	889.529
				181 52 52	327.270	−327.094	+0.001	−327.093	−10.743	+0.012	−10.731		
D03	90 24 34	−07	90 24 27									667.239	878.798
				92 17 19	113.838	−4.546	0	−4.546	+113.747	+0.004	+113.751		
D04	179 48 55	−07	179 48 48									662.693	992.549
				92 06 07	261.158	−9.579	0	−9.579	+260.982	+0.010	+260.992		
D05	90 28 19	−07	90 28 12									653.114	1 253.541
				2 34 19	209.592	+209.381	0	+209.381	+9.405	+0.008	+9.413		
D06	12 333 16	−07	123 33 09									862.495	1 262.954
				306 07 28	151.338	+89.220	0	+89.220	−122.242	+0.006	−122.236		
D07	162 48 56	−07	162 48 49									951.715	1 140.718
				288 56 17	148.777	+48.285	0	+48.285	−140.724	+0.006	−140.718		
D01	15 807 38	−08	158 07 30									1 000.000	1 000.000
				267 03 47									
D02													
∑	900 00 50	−50	900 00 00		1 322.593	−0.001	+0.001	0	−0.050	+0.050	0		
校核	$f_{\beta容}=\pm 40''\sqrt{n}=\pm 105''$　$f_{\beta}=+50''$　$\lvert f_{\beta}\rvert < \lvert f_{\beta容}\rvert$　$f_x=-0.001$ m　$f_y=-0.050$ m　$f_D=0.050$ m　$K=\frac{1}{26\ 451}$　$K_{容}=\frac{1}{4\ 000}$　$K<K_{容}$												

样表 1-4 以坐标为观测量的导线测量记录计算表

仪器型号：ZT20 Pro　　观测日期：10. 31　　天气：晴　　观测：　　记录：　　计算：

点号	坐标观测值/m			边长/m	坐标改正值/mm			坐标平差值/m			点号
	x'	y'	H'		v_x	v_y	v_H	x	y	H	
D01	1 000. 000	1 000. 000	200. 000					1 000. 000	1 000. 000	200. 000	D01
				110. 626							
D02	994. 335	889. 526	199. 503		+1	−2	+1	994. 336	889. 524	199. 504	D02
				327. 273							
D03	667. 229	878. 801	198. 444		+5	−8	+5	667. 234	878. 793	198. 449	D03
				113. 830							
D04	662. 685	992. 556	199. 587		+6	−10	+6	662. 691	992. 546	199. 593	D04
				261. 151							
D05	653. 110	1 253. 554	201. 636		+9	−14	+8	653. 119	1 253. 540	201. 644	D05
				209. 598							
D06	862. 481	1 262. 974	202. 380		+11	−17	+10	862. 492	1 262. 957	202. 390	D06
				151. 337							
D07	951. 700	1 140. 734	200. 864		+13	−19	+11	951. 713	1 140. 715	200. 875	D07
				148. 774							
D01	999. 985	1 000. 021	199. 988		+15	−21	+12	1 000. 000	1 000. 000	200. 000	D01
$\sum$	−0. 015	+0. 021	−0. 012	1 322. 589				0	0	0	
辅助计算	$f_x=-0.015$ m　$f_y=+0.021$ m　$f_D=+0.026$ m　$K=\frac{f_D}{\sum D}=\frac{1}{50\ 868}$　$K_{容}=\frac{1}{4\ 000}$　$K<K_{容}$ $f_H=-0.012$ m　$f_{h容}=\pm 20\sqrt{L}=\pm 22$ mm　$\lvert f_H \rvert \leqslant \lvert f_{h容} \rvert$										

样表 1-5　水准测量记录计算表(双仪高法)

仪器型号：DSZ_3　　观测日期：11.1　　天气：　晴　　观测：　　记录：

测点	后视读数/m	前视读数/m	高差/m		平均高差/m		备注
			+	—	+	—	
BM_1	1.057						
	1.072			0.494		0.495	
BM_2	0.815	1.551		0.496			
	0.920	1.568		0.607		0.605	
ZD_1	1.225	1.422		0.603			
	1.374	1.523		0.445		0.447	
BM_3	1.516	1.670		0.449			
	1.314	1.823	0.523		0.524		
ZD_2	1.402	0.993	0.524				
	1.298	0.790	0.627		0.627		
BM_4	1.650	0.775	0.627				
	1.706	0.671	1.015		1.013		
ZD_3	1.738	0.635	1.011				
	1.694	0.695	1.029		1.029		
BM_5	1.493	0.709	1.029				
	1.602	0.665	0.741		0.744		
BM_6	0.781	0.752	0.746				
	0.915	0.856		0.618		0.618	
ZD_4	0.657	1.399		0.617			
	0.730	1.532		0.903		0.904	
BM_7	0.925	1.560		0.904			
	0.748	1.634		0.873		0.875	
BM_1		1.798		0.877			
		1.625					
$\sum$	26.632	26.646	7.872	7.886	3.937	3.944	
校核	$(\sum a-\sum b)/2=(26.632-26.646)/2=-0.007(m)$　$\sum h/2=(7.782-7.886)/2=-0.007(m)$ $3.937-3.944=-0.007(m)$ 计算无误						

样表 1-6 四等水准测量记录计算表

仪器型号：DSZ_3 观测日期：11.2 天气： 晴 观测： 记录：

测站编号	后尺 上丝 / 下丝；后视距；视距差 d/m	前尺 上丝 / 下丝；前视距；$\sum d$/m	方向及尺号	标尺读数/m		K+黑−红/mm	高差中数/m	备注
				黑面	红面			
	(1)	(5)	后 K_1	(3)	(4)	(13)	(18)	
	(2)	(6)	前 K_2	(7)	(8)	(14)		
	(9)	(10)	后−前	(15)	(16)	(17)		
	(11)	(12)						
BM_1	1.442	1.935	后 K_2	1.157	5.842	+2	−0.498 5	
↓	0.885	1.377	前 K_1	1.655	6.441	+1		
	55.7	55.8	后−前	−0.498	−0.599	+1		
BM_2	−0.1	−0.1						
BM_2	11.390	1.690	后 K_1	1.135	5.922	0	−0.305 0	
↓	0.890	1.200	前 K_2	1.440	6.127	0		
	50.0	49.0	后−前	−0.305	−0.205	0		
ZD_1	+1.0	+0.9						
ZD_1	1.371	1.772	后 K_2	1.125	5.811	+1	−0.397 0	
↓	0.880	1.272	前 K_1	1.522	6.308	+1		
	49.1	50.0	后−前	−0.397	−0.497	0		
ZD_2	−0.9	0						
ZD_2	1.615	1.965	后 K_1	1.306	6.094	−1	−0.350 0	
↓	0.998	1.345	前 K_2	1.656	6.344	−1		
	61.7	62.0	后−前	−0.350	−0.250	0		K_1=4.787 m
BM_3	−0.3	−0.3						K_2=4.687 m
BM_3	1.540	0.920	后 K_2	1.402	6.090	−1	+0.620 5	
↓	1.265	0.650	前 K_1	0.782	5.569	0		
	27.5	27.0	后−前	+0.620	+0.521	−1		
ZD_3	+0.5	+0.2						
ZD_3	1.434	0.910	后 K_1	1.292	6.077	+2	+0.526 0	
↓	1.150	0.620	前 K_2	0.765	5.452	0		
	28.4	29.0	后−前	+0.527	+0.625	+2		
BM_4	−0.6	−0.4						
BM_4	1.527	0.815	后 K_2	1.403	6.090	0	+0.713 0	
↓	1.279	0.564	前 K_1	0.690	5.477	0		
	24.8	25.1	后−前	+0.713	+0.613	0		
ZD_4	−0.3	−0.7						
ZD_4	1.486	0.896	后 K_1	1.375	6.161	+1	+0.594 5	
↓	1.264	0.663	前 K_2	0.780	5.467	0		
	22.2	23.3	后−前	+0.595	+0.694	+1		
ZD_5	−1.1	−1.8						

续表

测站编号	后尺 上丝 / 下丝	前尺 上丝 / 下丝	方向及尺号	标尺读数/m		K+黑—红/mm	高差中数/m	备注
	后视距	前视距		黑面	红面			
	视距差 d/m	$\sum d$/m						
ZD_5	1.976	1.232	后 K_2	1.587	6.272	+2	+0.735 0	
↓	1.197	0.470	前 K_1	0.851	5.638	0		
	77.9	76.2	后—前	+0.736	+0.634	+2		
BM_5	+1.7	−0.1						
BM_5	1.755	1.095	后 K_1	1.558	6.345	0	+0.660 0	
↓	1.362	0.702	前 K_2	0.898	5.585	0		
	39.3	39.3	后—前	+0.660	+0.760	0		
ZD_6	0	−0.1						
ZD_6	1.505	1.418	后 K_2	1.205	5.892	0	+0.092 5	
↓	0.905	0.808	前 K_1	1.113	5.899	+1		
	60.0	61.0	后—前	+0.092	+0.193	−1		
BM_6	−1.0	−1.1						
BM_6	0.887	1.597	后 K_1	0.711	5.497	+1	−0.712 5	
↓	0.535	1.249	前 K_2	1.423	6.110	0		
	35.2	34.8	后—前	−0.712	−0.613	+1		
ZD_7	+0.4	−0.7						
ZD_7	0.915	1.718	后 K_2	0.714	5.400	+1	−0.805 0	
↓	0.513	1.319	前 K_1	1.518	6.306	−1		
	40.2	39.9	后—前	−0.804	−0.906	+2		
BM_7	+0.3	−0.4						
BM_7	1.028	1.903	后 K_1	0.662	5.448	+1	−0.877 0	
↓	0.296	1.175	前 K_2	1.539	6.225	+1		
	73.2	72.8	后—前	−0.877	−0.777	0		
BM_1	+0.4	0						
校核	视距计算校核： $\sum(9) = 645.2$ −) $\sum(10) = 645.2$ $= 0$ = 14 站(12) 总视距 $\sum(9) + \sum(10) = 1\,290.4$ m			高差计算校核： $\sum[(3)+(4)] = 99.573$ −) $\sum[(7)+(8)] = 99.580$ $= -0.007$ m $\sum[(15)+(16)] = -0.007$ m $2\sum(18) = -0.007$ m(偶数站)				

样表 1-7 水准测量成果计算表

仪器型号：DSZ_3　　观测日期：11.3　　天气：晴　　观测：　　记录：

点号	距离/m	测段高差/m	改正数/mm	改正后高差/m	高程/m	备注
BM_1					200.000	
	111.5	−0.498	0	−0.498		
BM_2					199.502	
	321.8	−1.052	+0.001	−1.051		
BM_3					198.451	
	111.9	+1.146	0	+1.146		
BM_4					199.597	
	249.5	+2.042	+0.001	+2.043		
BM_5					201.640	
	199.6	+0.752	+0.001	+0.753		
BM_6					202.393	
	150.1	−1.517	+0.001	−1.516		
BM_7					200.877	
	146.0	−0.877	0	−0.877		
BM_1					200.000	双仪高法水准测量的距离一栏查样表1-2记录
$\sum$	1 290.4	−0.004	+0.004	0		
辅助计算	$f_h=-0.004$ m　$f_{h容}=\pm 20\sqrt{L}=\pm 22$ mm　$\lvert f_h \rvert < \lvert f_{h容} \rvert$					

样表 1-8　全站仪支导线测量记录计算表

仪器型号：ZT20 Pro　　观测日期：11.4　　天气：晴　　观测：　　记录：

水平角观测记录

测站	盘位	目标	水平度盘度数 /(° ′ ″)	半测回角值 /(° ′ ″)	一测回角值 /(° ′ ″)	左、右角平均值 /(° ′ ″)
D04（左角）	左	D03	0 00 10	140 37 09	140 37 14	140 37 17
		D04－1	140 37 19			
	右	D03	180 00 06	140 37 19		
		D04－1	320 37 25			
D04（右角）	左	D04－1	0 00 10	219 22 35	219 22 40	
		D03	219 22 45			
	右	D04－1	180 00 05	219 22 45		
		D03	39 22 50			
D04-1（左角）	左	D04	0 00 10	126 49 27	126 49 32	126 49 32
		D04－2	126 49 37			
	右	D04	180 00 12	126 49 38		
		D04－2	306 49 50			
D04-1（右角）	左	D04－2	0 00 10	233 10 24	233 10 27	
		D04	233 10 34			
	右	D04－2	179 59 58	233 10 30		
		D04	53 10 28			

导线边长观测记录

导线边	往返观测	水平距离/m	平均值/m	丈量精度
D04→D04－1	D04→D04－1	12.432	12.431	1/6 215
	D04－1→D04	12.430		
D04－1→D04－2	D04－1→D04－2	20.149	20.150	1/10 075
	D04－2→D04－1	20.151		

支导线坐标计算表

点号	转折角(左) /(° ′ ″)	方位角 /(° ′ ″)	边长 /m	坐标增量/m		坐标/m	
				Δx	Δy	x	y
D03							
		92 17 19					
D04	140 37 17					662.693	992.549
		52 54 36	12.431	+7.497	+9.916		
D04－1	126 49 32					670.190	1 002.465
		359 44 08	20.150	+20.150	－0.093		
D04－2						690.340	1 002.372

计算草图

D04-2

D04-1

D03　D04

样表 1-9 全站仪碎部测量记录表

仪器型号：ZT20 Pro　　观测日期：11.5　　天气：晴　　观测：　　记录：

测站点：D01　　测站点坐标：(1 000.000，1 000.000)　　仪器高：1.510

后视点：D02　　后视方位角(或后视坐标)：(994.332，889.529)

点号	坐标		高程/m	棱镜高/m	备注
	x/m	y/m			
1	988.676	1 017.404	199.703	1.400	
2	988.774	1 014.615	199.720		
3	985.980	1 014.574	199.786		
4	988.959	1 010.748	199.756		
5	988.880	1 008.003	199.782		
6	986.240	1 007.924	199.797		
7	989.108	1 004.119	199.825		
8	989.175	1 001.303	199.806		
9	986.492	1 017.287	199.927		
10	985.968	1 004.026	201.140	2.140	

样表 1-10　全站仪碎部测量草图表

仪器型号：ZT20 Pro　　观测日期：11.5　　天气：晴　　观测：　　作图：

	备注
草坪（1、2、3）　草坪（4、5、6）　草坪（7、8、9、10）	

实训项目二 道路勘测实训

一、项目描述

道路勘测实训是在公路实训场地，结合公路实训场地的地貌、地物、地质水文等条件进行外业踏勘，现场定线，利用道路软件完成路线平面线形设计和计算，并进行实地放线，测设中桩纵断面地面线、横断面地面线，进一步利用软件完成路线纵断面设计和横断面设计的综合实训。

通过在公路实训场地模拟生产任务的实践，学生能初步掌握公路外业详测与内业设计的各项技术操作，得到测量工程师、路线设计师的基本训练，培养学生应用测量基本理论综合分析和解决道路勘测问题的能力，以及认真负责、求真求实的工作态度，不畏困难、迎难而上的职业精神。同时，学生还可以了解测设过程的组织管理，为今后从事道路测设方面的工作打下基础。

本实训项目共分为选线与定线、中线放样、纵断面测量、横断面测量、内业设计五个任务。

二、仪器设备(按组配置)

道路勘测实训所需仪器设备及工具见表2-1。

表2-1 道路勘测实训所需仪器设备及工具

<table>
<tr><th>序号</th><th>名称</th><th>数量</th><th>备注</th><th>序号</th><th>名称</th><th>数量</th><th>备注</th></tr>
<tr><td rowspan="2">1</td><td>全站仪</td><td>1套</td><td>含脚架1个</td><td>5</td><td>花杆</td><td>3根</td><td></td></tr>
<tr><td>棱镜</td><td>2个</td><td>含脚架2个
对中杆1个</td><td>6</td><td>皮尺</td><td>2把</td><td>30 mm</td></tr>
<tr><td rowspan="2">2</td><td>GNSS移动站
(含手簿)</td><td>1套</td><td>手簿托架1个
对中杆1根
接收天线1个
手机卡(含卡套)1个
钢卷尺(2 m或3 m)1把
数据传输线1根</td><td>7</td><td>方向架</td><td>1根</td><td>带定向杆</td></tr>
<tr><td>GNSS基准站
(含脚架、电台、
蓄电池、
3个连接线)</td><td>1套</td><td>天线(含脚架)1套
基座2个</td><td>8</td><td>记号笔</td><td>2支</td><td></td></tr>
<tr><td rowspan="3">3</td><td>水准仪</td><td>1套</td><td>含脚架1个</td><td>9</td><td>大、小背包</td><td>各1个</td><td></td></tr>
<tr><td>水准尺</td><td>2根</td><td>塔尺或双面尺</td><td>10</td><td>铁钉、红布条、木桩</td><td>若干</td><td>根据实训要求选择</td></tr>
<tr><td>尺垫</td><td>2个</td><td></td><td>11</td><td>配套记录本</td><td>1本</td><td></td></tr>
<tr><td>4</td><td>铁锤</td><td>1把</td><td>打桩用(根据条件选用)</td><td>12</td><td>其他
(如计算器、草稿纸)</td><td></td><td>自备</td></tr>
</table>

三、项目实施

任务一　选线与定线

任务描述

本阶段的主要任务是根据选定的公路等级、设计速度和相关的技术指标及路线的起终点，结合实训场地的地貌、地物等现场条件，确定路线方案，现场踏勘，实地定出路线的交点、设计圆曲线半径及缓和曲线长度，利用设计软件输出平面设计图、直线曲线及转角一览表、逐桩坐标表。

【技术原理】

结合公路实训场地的现场条件及公路等级要求，选定公路路线位置，根据直线、圆曲线及缓和曲线线形方程，利用已知的坐标体系，计算圆曲线、直线、缓和曲线在其空间的位置，用直角坐标或极坐标表达。

【技术规范】

(1)《公路工程技术标准》(JTG B01—2014)。

(2)《公路路线设计规范》(JTG D20—2017)。

根据《公路工程技术标准》(JTG B01—2014)和《公路路线设计规范》(JTG D20—2017)的规定，结合实训场地的条件，拟定公路等级为三级。该三级公路设计采用的主要技术指标见表 2-2，表中未包含的技术指标遵照《公路路线设计规范》(JTG D20—2017)执行。

表 2-2　主要技术指标表

<table>
<tr><th colspan="2">项目</th><th colspan="2">技术标准</th><th>项目</th><th>技术标准</th></tr>
<tr><td colspan="2">设计速度/(km·h^{-1})</td><td colspan="2">30</td><td>同向圆曲线间所夹直线段长度/m</td><td>≥180</td></tr>
<tr><td colspan="2">路基宽度/m</td><td colspan="2">7.5</td><td>反向圆曲线间所夹直线段长度/m</td><td>≥60</td></tr>
<tr><td colspan="2">土路肩宽度/m</td><td colspan="2">0.5</td><td>最大纵坡/%</td><td>8</td></tr>
<tr><td rowspan="4">圆曲线最小半径/m</td><td>一般值</td><td colspan="2">65</td><td>最小坡长/m</td><td>100</td></tr>
<tr><td rowspan="3">极限值</td><td>$i_{max}=4\%$</td><td>40</td><td rowspan="2">凹形竖曲线最小半径(一般值/极限值)/m</td><td rowspan="2">400/250</td></tr>
<tr><td>$i_{max}=6\%$</td><td>35</td></tr>
<tr><td>$i_{max}=8\%$</td><td>30</td><td>凸形竖曲线最小半径(一般值/极限值)/m</td><td>400/250</td></tr>
<tr><td colspan="2">不设超高最小半径/m</td><td colspan="2">350</td><td>停车视距/m</td><td>30</td></tr>
<tr><td colspan="2">平曲线最小长度(一般值/最小值)/m</td><td colspan="2">150/50</td><td>超车视距(一般值/最小值)/m</td><td>150/100</td></tr>
<tr><td colspan="2">缓和曲线最小长度/m</td><td colspan="2">25</td><td>路面加宽</td><td>1类加宽</td></tr>
</table>

【实施步骤】

(一)选线与定线

公路实训场地地形有一定起伏，地物分布较多时，选线过程中重点解决的是满足线形指标的前提下如何绕避地物的问题。定线可以根据实际条件选择纸上定线或现场定线。

方法一：纸上定线。需要地形测绘实训提交的实训场电子地形图。在道路设计软件中，导入电子地形图，则可依据数字地形图，分析地形，找出各种可能的路线设计方案，进行纸上定线，并进行现场踏勘核对。数字地形图上确定交点坐标后，进一步利用道路设计软件进行平面设计。

方法二：现场定线。没有电子地形图时，可采用现场定线。由于定线人员直接面对实际地形、地物、地质及水文等具体情况，因此要求定线人员有一定的选线经验，要不怕辛苦，不怕麻烦，要多跑、多看、多问，弄清楚路线所经地带的地形、地质等变化情况及地物分布，反复试定线路，才能确定出好的路线。

现场定线的具体步骤如下。

(1)初定路线交点：教师现场指导学生确定控制点，并根据平原区、丘陵区的路线布设要点，通过分析比较，确定可穿越、应趋就和该绕避的点及活动范围，确定一些中间导向点。参照导向点，试穿出一系列直线、交会出交点。

(2)初定平曲线：利用 RTK 现场测定交点坐标。方法参照“地形测绘实训”中平面控制测量的 RTK 图根测量方法，在此不再赘述。根据选线目的及《公路路线设计规范》(JTG D20—2017)平面线形设计的有关规定，利用道路设计软件进行交点法平面设计，拟定圆曲线半径和缓和曲线长度，并计算曲线要素。

(3)定线：检查各技术指标是否满足表 2-2 的要求，现场核对平曲线线位是否合适，不满足时应调整交点位置或圆曲线半径或缓和曲线长度，直至满足为止。

(二)道路软件平面设计

这里以纬地道路辅助设计系统 HintCAD 数模版 6.8(以下简称纬地)为例，介绍运用计算机进行公路设计的方法和流程。使用纬地进行公路路线设计工作的一般流程如图 2-1 所示。

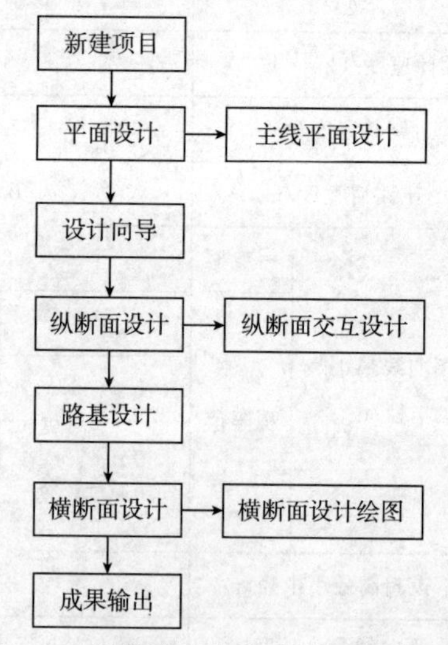

图 2-1 纬地道路路线设计一般流程图

道路路线设计首先需要新建项目。单击菜单中的“项目”→“新建项目”，输入项目名称，如“××校区×级公路改造工程”，单击“浏览”按钮，选择项目管理所在的文件路径，文件路径随之默认为 *.prj 文件所在的路径，也可在文件路径一栏中通过“浏览”自行确定文件路径。在项目需要保存时，可以单击“项目”→“保存项目”。以后开展设计工作时，可以单击“项目”→“打开项目”，打开之前已建项目，如图 2-2 所示。

新建纬地设计项目
项目名称与路径
新建项目名称　新建项目
项目文件路径及名称　浏览
新建或指定平面线文件　浏览
设计者信息
设计人　shendu
设计单位　shenduxitong
委托单位
欢迎使用纬地道路辅助设计系统！
请输入新建项目名称；
通过“浏览”指定项目路径及项目文件名称；
输入新建平面线文件名称或通过“浏览”指定已有平面线文件。
确定　取消

新建纬地设计项目
项目名称与路径
新建项目名称　文华校区三级公路改造工程
项目文件路径及名称　C:\Users\Administrator\Desktop\道桥2102F　浏览
新建或指定平面线文件　C:\Users\Administrator\Desktop\道桥2102F　浏览
设计者信息
设计人
设计单位
委托单位
欢迎使用纬地道路辅助设计系统！
请输入新建项目名称；
通过“浏览”指定项目路径及项目文件名称；
输入新建平面线文件名称或通过“浏览”指定已有平面线文件。
确定　取消

图 2-2　新建项目示意

需要注意的是，文件路径是指在设计过程中，所有的输入和输出的文件所存放的路径及数据文件名称的前缀，在软件运行的过程中所有的输入文件和输出文件，均由系统自动搜索，不必再单击“浏览”按钮，因此，建议不要修改系统默认的 *.prj 文件所在的路径，即 *.prj 文件所在的路径最好与输入和输出文件的路径相一致，以免出错。

视频：纬地设计软件设计流程介绍

创建项目后，可单击“设计”→“主线平面设计”，进入主线平面设计环节。平面设计主要步骤为外业资料录入、交互设计、设计向导设置、成果输出。

1. 外业资料录入

纬地道路 CAD 系统公路主线平面设计主要采用交点设计法。平面外业资料录入是指将平面的外业资料即交点线资料输入系统。

采用纸上定线方法时，可以打开二维地形图或数模的三维地形图，选取路线平面设计的交点。

采用实地定线方法时，可以直接打开存有交点数据的 .dxf 格式的文件。单击主线平面设计对话框中的“拾取”按钮，选择路线起点位置，获得路线起点的坐标。单击对话框中的“插入”按钮，依次选择路线其他交点的坐标，可以连续选择多个交点的位置，也可以只选择一个交点的位置，按“Esc”键退出交点位置的选择，返回“主线平面设计”对话框，实训中采用 RTK 进行数据采集时可以用这种方法(图 2-3)。

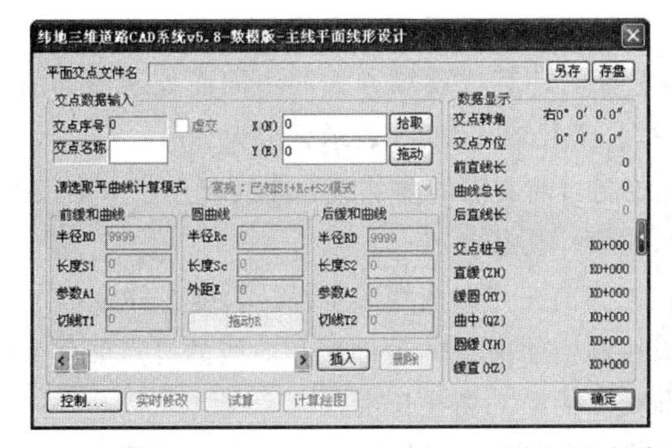

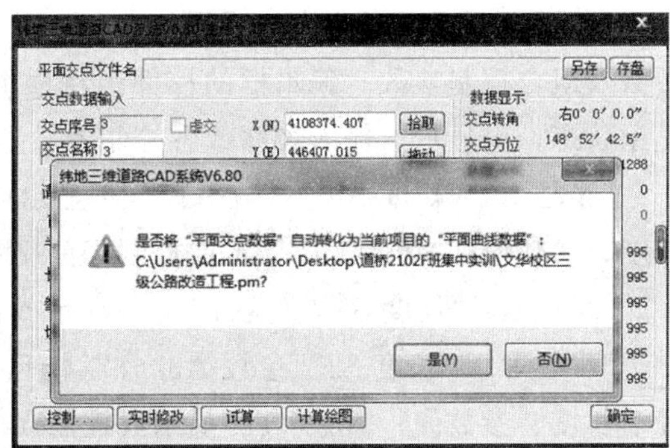

图 2-3　创建交点文件示意

“交点序号”显示的是软件对交点的自动编号，起点为 0，依次增加。

“交点名称”编辑框中显示或输入当前交点的名称，交点名称自动编排，一般默认为交点的序号，可以改成其他的任何名称，如起点改为 BP，终点改为 EP。在调整路线时，如果在路线中间插入或删除交点，系统默认增减交点以后的交点名称是不改变的。如果需要对交点名称进行重新编号，可在交点名称处单击鼠标右键，系统即弹出交点名称自动编号的选项菜单，选择对当前项目的全部交点进行“全部重新编号”，或“从当前交点开始重新编号”，或“以当前交点格式重新编号”。

纬地道路设计软件支持平面曲线数据导入方式。单击菜单栏“数据”→“平面数据导入/导出”项。在对话框中显示“打开”和“存盘”按钮选项，分别用于打开数据和将数据保存为 *.jdx 格式。

在交点数据提前输入且保存(*.jd 格式)的情况下，可单击“导入为交点数据”按钮，按系统提示导入，单击“保存”按钮，系统便完成了文件导入。

2. 交互设计

(1)平曲线设计。平曲线设计时，拖动主线平面设计对话框中的横向滚动条控制向前和向后移动，选择需要设置平曲线参数的交点；单击“请选取平曲线计算模式”右侧三角箭头，根据交点曲线的组合类型和曲线控制来选择当前交点的计算方式和各种曲线组合的切线长度反算方式，可以根据不同的需要选择适合的计算或反算方式，如图 2-4 所示。

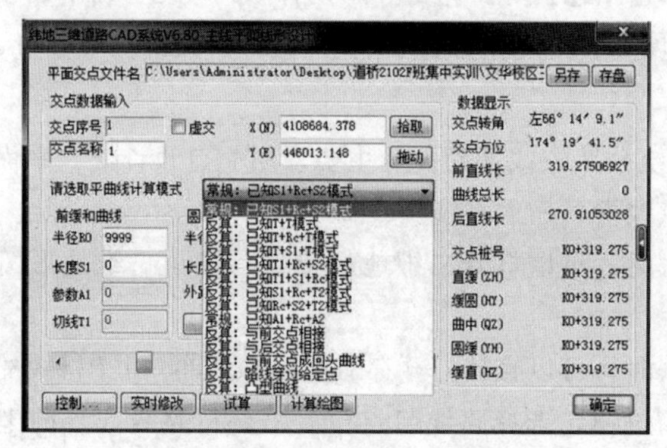

图 2-4 插入平曲线设计示意

根据计算模式输入相应的设计参数，可以采用“拖动 R”或“实时修改”的方式获得平曲线设计参数；单击对话框中的“计算绘图”按钮，计算并显示平面线形。

“前缓和曲线”“圆曲线”“后缓和曲线”中的编辑框用来显示和编辑修改当前交点的曲线参数及组合控制参数。编辑框的控件组将根据选择的计算或反算方式的不同而处于不同的显示状态，以显示、输入和修改各控制参数数据。半径输入 9999 表示无穷大。

“半径 R0”“长度 S1”“参数 A1”分别显示或控制当前交点的前部缓和曲线起点曲率半径、长度、参数值；“切线 T1”显示或控制当前交点的第一切线长。

“半径 Rc”“长度 Sc”“外距 E”分别显示或控制当前交点圆曲线的半径、长度、外距。

“半径 RD”“长度 S2”“参数 A2”分别显示或控制当前交点的后部缓和曲线的终点曲率半径、长度、参数值；“切线 T2”显示或控制当前交点的第二切线长度。

“拖动 R”可以实现通过鼠标实时拖动修改圆曲线半径大小的功能。在拖动过程中按键盘上的“S”或“L”键来控制拖动步距。

“实时修改”是用动态拖动的方式来修改当前交点的位置和平曲线设计参数。

“试算”计算包括本交点在内的所有交点的曲线组合，并将本交点数据显示于对话框右侧的“数据显示”内。在计算成功的情况下，单击“计算绘图”按钮可直接实时显示路线平面图形；而当计算不能完成时，对话框中的数据将没有刷新，并且在AutoCAD命令行中将出现计算不能完成的提示信息，设计人员在调整参数后可继续进行计算。

单击“控制…”按钮，进入“主线设计参数控制”对话框。该对话框用于控制平面线形的起始桩号和绘制平面图时的标注位置、字体高度等。根据图形的比例来设置字体的高度，如果平面图的比例为1∶2 000，则宜按图2-5设置标注文字的字高。注意：在进行路线平面设计及拖动时，将“控制…”对话框中的“绘交点线”按钮点亮。

在图2-6中，右侧“数据显示”控制整个平面线形设计和监控试算结果。结合工程设计中的实际情况，主线平面设计允许前后交点曲线相接时出现微小的相掺现象，即“前直线长”或“后直线长”出现负值。但其长度不能大于2 mm，否则系统将出现出错提示。

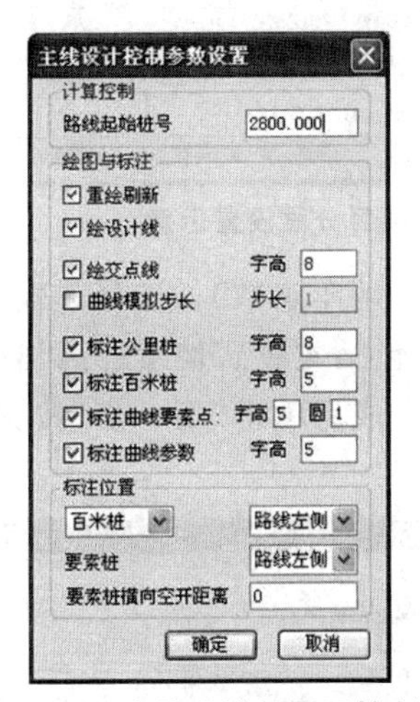

图2-5　主线设计及显示控制

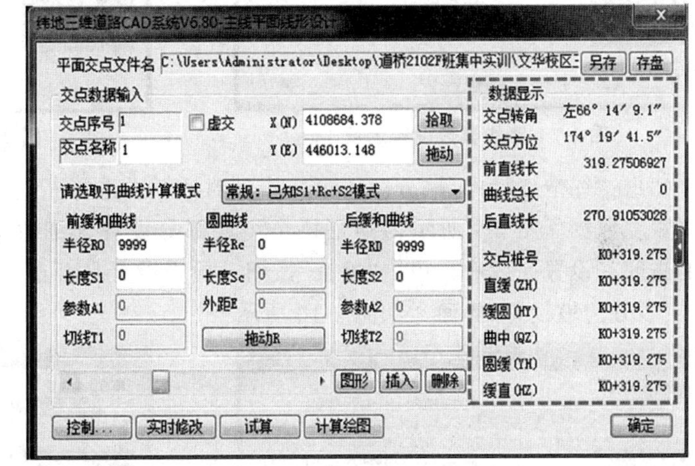

图2-6　数据显示内容

(2)保存数据。“确定”按钮用于关闭对话框，并记忆当前输入数据和各种计算状态，但是所有的记忆都在计算机内存中进行，如果需要将数据永久保存到数据文件，必须单击“另存”或“存盘”按钮。“取消”按钮可以关闭此对话框，同时，当前对话框中的数据改动也被取消。

视频：纬地软件平面设计操作演示

“存盘”和“另存”按钮用于将平面交点数据保存到指定的文件中，得到*.jd数据和*.pm数据。使用时，最后会弹出“询问”对话框，询问是否将交点数据转换为平面曲线数据，一般选择“是”即可。

3. 设计向导设置

按照图2-1所示的纬地道路路线设计一般流程图，平面定线完成后，使用“设计向导”来设置与整个设计任务有关的其他设计标准和参数。通过设计向导，软件根据项目的等级和标准自动设置超高与加宽过渡区间及相关数值，设置填挖方边坡、边沟排水沟等设计控制参数。

(1)执行“项目”→“设计向导”命令，进入“设计导向”界面，如图2-7所示。选择项目类型，本实训项目为公路工程，项目类型选择“公路主线”。设置本项目设计起终点范围，项目标识、选择桩号数据精度。单击“下一步”按钮，进入本项目设置下一步，项目分段设置。

(2)在“纬地设计向导(分段 1 第一步)”对话框中输入项目第一段的分段终点桩号，系统默认为平面设计的终点桩号。如果设计项目分段采用不同的公路等级和设计标准，可逐段输入每个分段终点桩号并分别进行设置。本实训项目不分段，即只有一个项目分段，则不修改此桩号。选择“分段公路等级”和“分段设计车速”，如图 2-8 所示，完成后单击“下一步”按钮，进入“路幅及断面形式”设置，如图 2-9 所示。

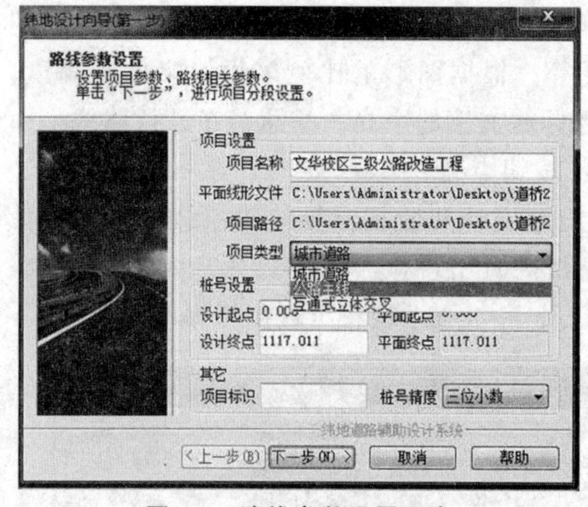

图 2-7 路线参数设置示意

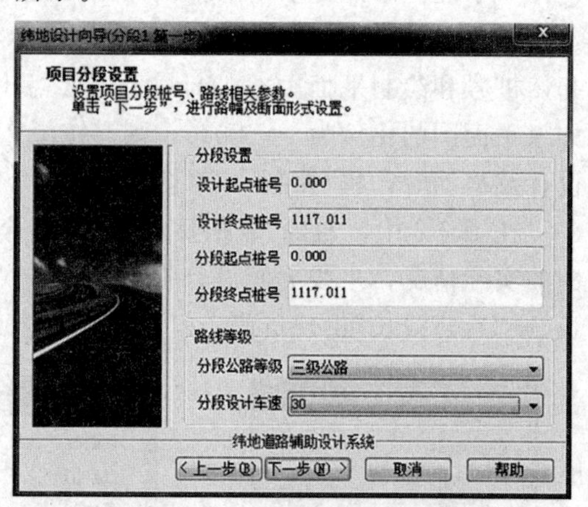

图 2-8 项目分段设置示意

(3)在“纬地设计向导(分段 1 第二步)”对话框中选择断面类型(即车道数)。选择或输入路幅宽度数据。图 2-9 所示为路幅每个组成部分设置详细数据，包括宽度、坡度、高出路面的高度；设置完成后，单击“检查”按钮，检查设置是否正确。完成后单击“下一步”按钮，进入“填方边坡设置”界面，如图 2-10 所示。

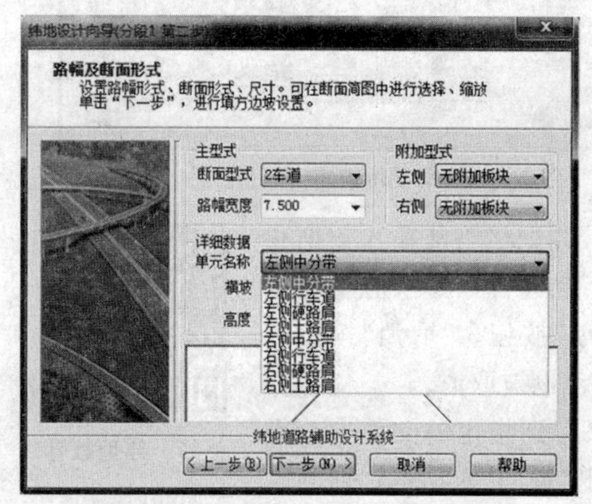

图 2-9 路幅及断面形式设置示意

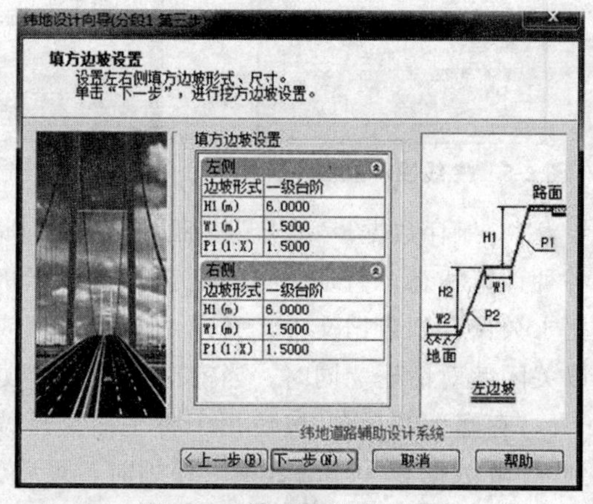

图 2-10 填方边坡设置示意

(4)在“纬地设计向导(分段 1 第三步)”对话框中设置项目典型填方边坡的控制参数，根据需要设置填方任意多级边坡台阶参数。完成后，单击“下一步”按钮，进入“挖方边坡设置”界面，如图 2-11 所示。

(5)在“纬地设计向导(分段 1 第四步)”对话框中设置项目典型挖方边坡的控制参数，根据需要设置挖方任意多级边坡台阶参数。完成后，单击“下一步”按钮，进入“边沟设置”，如图 2-12 所示。

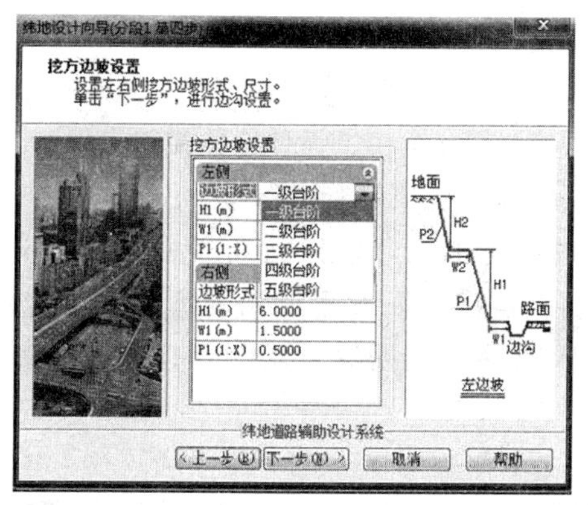

图 2-11　挖方边坡设置示意

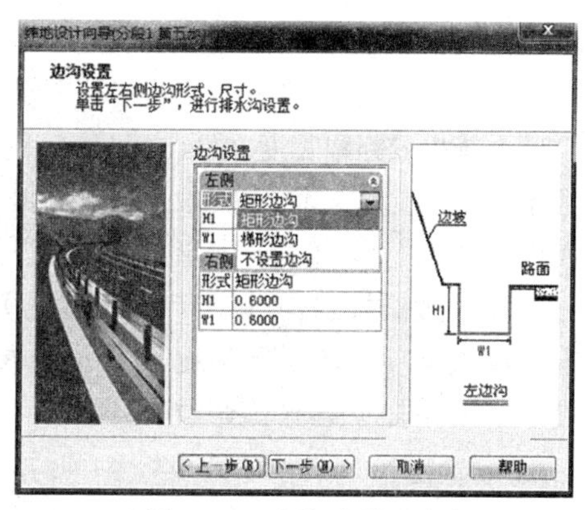

图 2-12　边沟设置示意

(6)在“纬地设计向导(分段 1 第五步)”对话框中设置项目路基两侧典型边沟的尺寸。完成后，单击“下一步”按钮，进入“排水沟设置”界面，如图 2-13 所示。

(7)在“纬地设计向导(分段 1 第六步)”对话框中设置项目路基两侧典型排水沟的尺寸。完成后，单击“下一步”按钮，进入“超高加宽设置”界面，如图 2-14 所示。

(8)在“纬地设计向导(分段 1 第七步)”对话框中设置路基设计采用的超高和加宽类型、超高旋转方式、超高渐变方式及外侧土路肩超高方式、曲线加宽类型、加宽位置、加宽渐变方式项。完成后，单击“下一步”按钮，进入“超高加宽过度段设置”，如图 2-15 所示。

(9)在“纬地设计向导(最后一步)”对话框中单击“自动计算超高加宽”按钮，系统根据前面所有项目分段的设置，结合项目的平面线形文件计算每个曲线的超高和加宽过渡段。完成后，单击“下一步”按钮，进入“文件输出设置”界面，如图 2-16 所示。

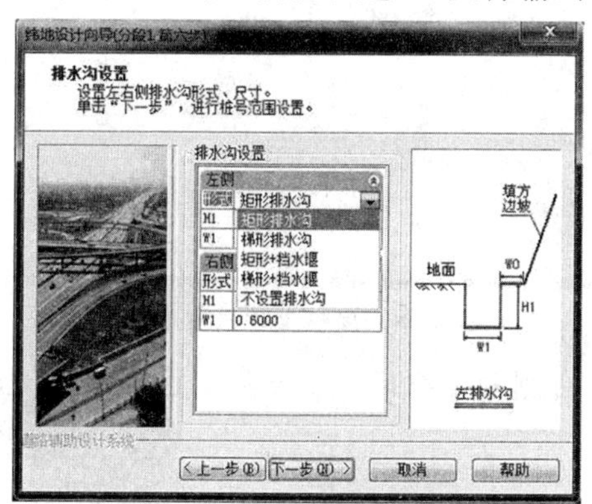

图 2-13　排水沟设置示意

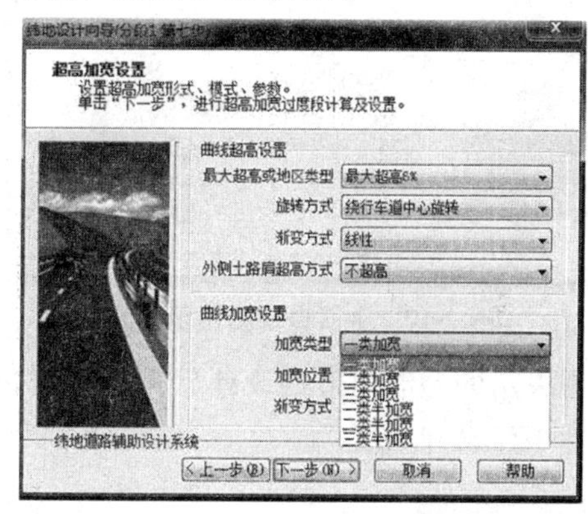

图 2-14　超高加宽设置示意

图 2-15　超高加宽过度段设置示意

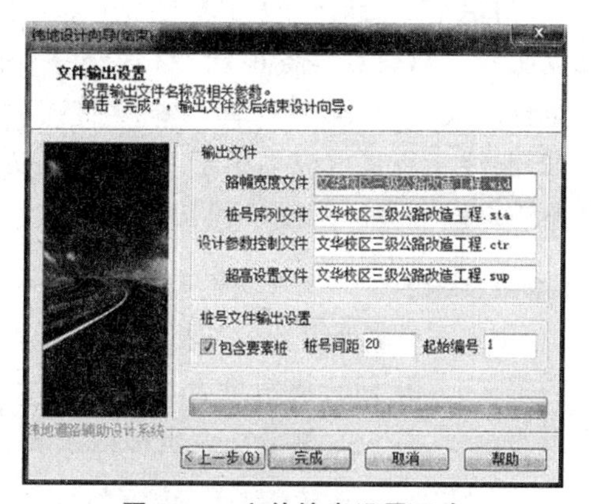

图 2-16　文件输出设置示意

(10)在“纬地设计向导(结束)”对话框中可以修改输出的四个设置文件名称，设置桩号文件中输出的桩号序列间距。单击“完成”按钮，完成项目的有关设置。

(11)系统生成路幅宽度文件(＊.wid)、超高设置文件(＊.sup)、设计参数控制文件(＊.ctr)和桩号序列文件(＊.sta)，并将这四个数据文件添加到纬地项目管理器中。

值得注意的是，由设计向导自动生成的设置超高与加宽过渡区间及相关数值，设置的填挖方边坡、边沟排水沟等设计控制参数只是项目典型参数，并不能完全满足设计的需要，设计人员可根据项目的实际情况，在控制参数输入或纬地数据编辑器中对有关设置参数进行分段设置或添加、删除等修改。

4. 成果输出

完成以上设计过程后，即可进行成果的输出。执行“绘图”→“平面自动分图”命令，按照 1∶2 000 的比例进行平面自动分图，如图 2-17 所示。软件生成的路线平面图需要按照要求修正图面，更换规范的图框。

视频：纬地软件设计向导操作演示

执行“表格”→“输出逐桩坐标表”命令，根据格式需要输出逐桩坐标表，如图 2-18 所示。根据逐桩的桩号数据来源情况选择“桩号来源”，根据输出文件格式选择“输出方式”，单击“输出”按钮，程序根据设计人员选择的“输出方式”启动相应的软件，生成逐桩坐标表。同样的方法可以进行“输出直曲转角表”的操作。

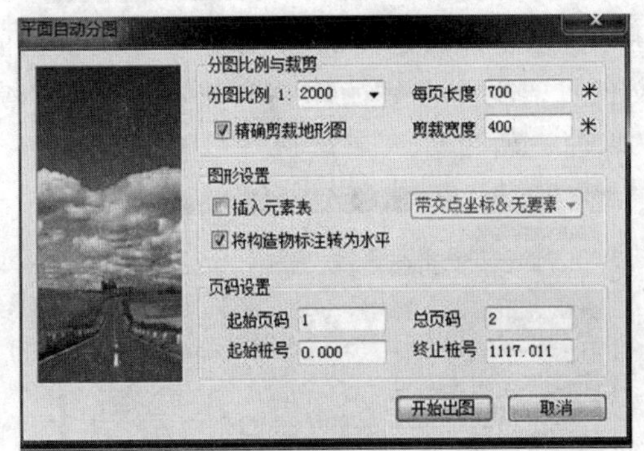

图 2-17 平面自动分图示意

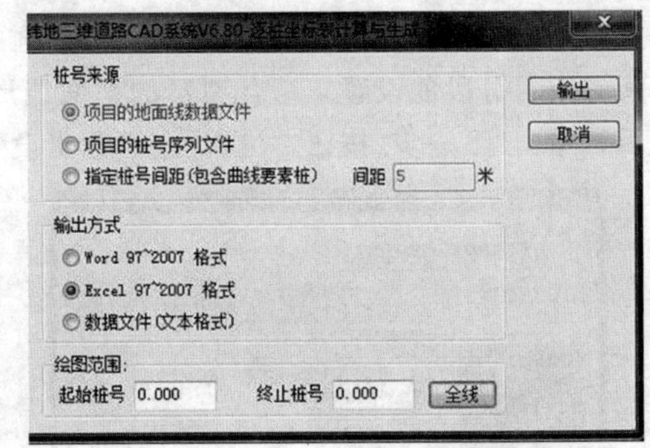

图 2-18 逐桩坐标表生成示意

若采用的是海地道路设计软件，请通过扫描右侧的二维码，查阅海地软件平面设计方法。

图文：海地道路软件平面设计

【注意事项】

(1)初定平曲线时，应考虑适当选取单圆曲线、基本型曲线、S 型曲线、复曲线、双交点等各种线型，充分利用本实训，训练各种平面线型及其组合形式。

(2)路线里程长度应不小于 1 km。在实际实训中可以结合公路实训场地的条件，适当选择路线走向方案、路线里程长度。

【成果要求】

(1)每人完成实训记录本中表 2-1～表 2-4 的填写。要求用铅笔填写，字迹清晰，计算正确。

1)表 2-1 坐标转换信息表

2)表 2-2 GNSS 测量交点坐标记录表

3)表 2-3　路线项目基本信息及技术指标表

4)表 2-4　直线、曲线及转角一览表

(2)以小组为单位，利用纬地道路软件生成路线平面图，标注起终点桩号、主点桩、百米桩、公里桩及其他加桩等。同时输出逐桩坐标表和直曲表。

任务二　中线放样

任务描述

平面线形设计完成后需将道路中线在地面上标定，供落实核对及详细测量和施工之用。中线放样就是将设计好的道路中心线敷设到地面上。目前，通常做法是以设计路线的中桩为待放样点，采用全站仪(或 RTK)根据放样点坐标在实地标出放样点的平面位置。其图式如图 2-19 所示。

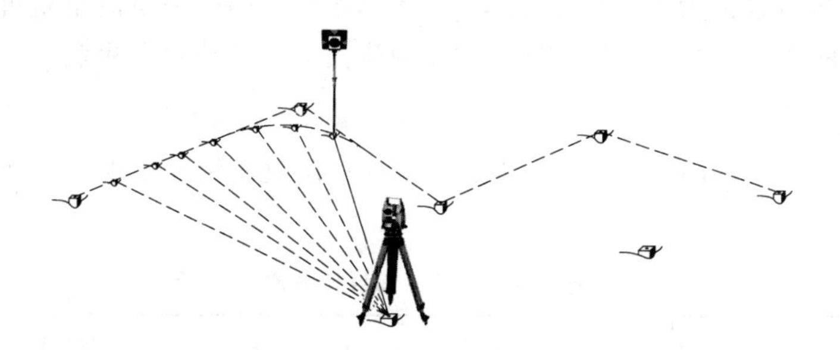

图 2-19　全站仪中桩放样图式

【技术原理】

(1)全站仪坐标放样原理：全站仪坐标放样的实质是极坐标放样，是以控制导线为依据，以角度与距离定点。但是，角度与距离的计算是由全站仪自带的程序完成的。中线放样可以依据全站仪坐标放样原理，运用全站仪逐桩对每一中桩桩位确定其在坐标系中的平面位置，并现场作出标记。

(2)RTK 坐标放样原理：在 RTK 作业模式下，只要正常连接和配置基准站与流动站，GNSS 接收机可以获取差分解。在正常的作业模式下，接收机可以实时获取其所处位置坐标。另外，将待放样的数据导入手簿内，如果放样数据少可以直接输入，但是如果点位数据量大可以编辑成数据文件直接导入手簿中。

现假设待放样点的坐标为($X_{放}$，$Y_{放}$，$H_{放}$)，而 GNSS 接收机在时间 t 时的位置为(X_t，Y_t，H_t)。

$$\Delta X = X_{放} - X_t\text{；}\ \Delta Y = Y_{放} - Y_t\text{；}\ \Delta H = H_{放} - H_t$$

1)以北方向为作业指示方向(表 2-3)。

表 2-3　以北方向为作业指示方向

坐标差值	情况	移动方向	数值
ΔX	大于零	北	$\lvert \Delta X \rvert$
	小于零	南	$\lvert \Delta X \rvert$
	等于零	不移	0

续表

坐标差值	情况	移动方向	数值
ΔY	大于零	东	$\lvert \Delta Y \rvert$
	小于零	西	$\lvert \Delta Y \rvert$
	等于零	不移	0
ΔH	大于零	上	$\lvert \Delta H \rvert$
	小于零	下	$\lvert \Delta H \rvert$
	等于零	不移	0
D	放样点到接收机当前位置的直线距离		

2)以箭头方向为作业指示方向。箭头指向的标准要确定前进方法，假设GNSS接收机在时间t_1时刻的位置记为$P_1(X_{t_1}, Y_{t_1}, H_{t_1})$。如果测量员向前移动了一个位置，在时间$t_2$时刻GNSS接收机位置记为$P_2(X_{t_2}, Y_{t_2}, H_{t_2})$。则$P_1$至$P_2$矢量向量就可作为前进方向，而与该方向垂直的方向为左右方向。这样就如同建立了一个独立坐标系。

【技术规范】

《公路勘测规范》(JTG C10—2007)规定，中桩平面放样精度要求见表2-4，中桩设置间距要求见表2-5。

表2-4 中桩平面桩位精度

公路等级	中桩位置中误差/cm		桩位检测之差/cm	
	平原、微丘	重丘、山岭	平原、微丘	重丘、山岭
高速公路，一、二级公路	≤±5	≤±10	≤10	≤20
三级及以下公路	≤±10	≤±15	≤20	≤30

表2-5 中桩间距

直线/m		曲线/m			
平原、微丘	重丘、山岭	不设超高的曲线	$R>60$	$30<R<60$	$R<30$
50	25	25	20	10	5

【实施步骤】

(一)全站仪放样

1. 全站仪放样数据准备

利用纬地道路软件在平面设计阶段已经生成逐桩坐标表。每天出工放样前，应将足够多的逐桩坐标数据输入全站仪中。

注：本实训要求在软件自动生成逐桩坐标表的基础上，手工计算任意一个曲线的逐桩坐标，与设计软件结果进行核对。

计算逐桩坐标表的方法步骤如下。

如图2-20所示，各交点的坐标已在实地测定，路线导线的坐标方位角A和边长S可按坐标反算公式(2-1)求得：

$$\left.\begin{aligned}A_{i-1,i}&=\arctan\frac{Y_i-Y_{i-1}}{X_i-X_{i-1}}\\S&=\sqrt{(X_i-X_{i-1})^2+(Y_i-Y_{i-1})^2}\end{aligned}\right\}\tag{2-1}$$

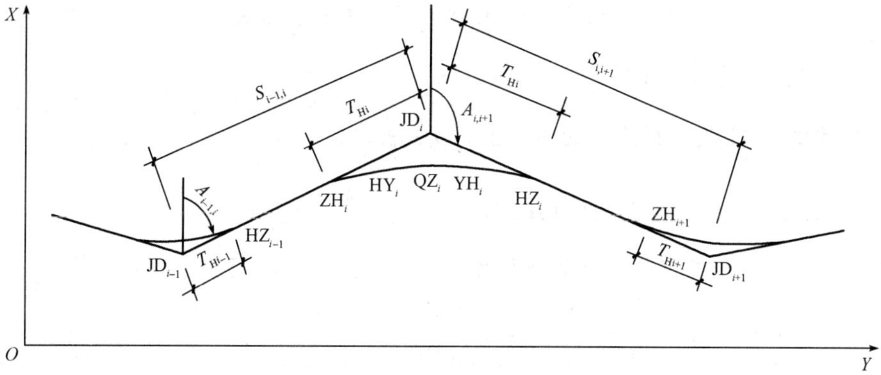

图 2-20　逐桩坐标计算示意

(1)HZ 点(包括路线起点)至 ZH 点之间的中桩坐标。如图 2-20 所示，此段为直线，桩点的坐标按式(2-2)计算：

$$\begin{cases}X_i=X_{HZ_{i-1}}+D_i\cos A_{i-1,i}\\Y_i=Y_{HZ_{i-1}}+D_i\sin A_{i-1,i}\end{cases}\tag{2-2}$$

式中　$A_{i-1,i}$——路线导线 JD_{i-1}—JD_i 的坐标方位角；

D_i——桩点至 HZ_{i-1} 点的距离，即桩点里程与 HZ_{i-1} 点里程之差；

$X_{HZ_{i-1}}$，$Y_{HZ_{i-1}}$——HZ_{i-1} 点的坐标，由式(2-3)计算：

$$\begin{cases}X_{HZ_{i-1}}=X_{JD_{i-1}}+T_{H_{i-1}}\cos A_{i-1,i}\\Y_{HZ_{i-1}}=Y_{JD_{i-1}}+T_{H_{i-1}}\sin A_{i-1,i}\end{cases}\tag{2-3}$$

式中　$X_{JD_{i-1}}$，$Y_{JD_{i-1}}$——交点 JD_{i-1} 的坐标；

$T_{H_{i-1}}$——切线长。

ZH 点为直线的终点，除可按式(2-3)计算外，也可按式(2-4)计算：

$$\begin{cases}X_{ZH_i}=X_{JD_{i-1}}+(S_{i-1,i}-T_{H_i})\cos A_{i-1,i}\\Y_{ZH_i}=Y_{JD_{i-1}}+(S_{i-1,i}-T_{H_i})\sin A_{i-1,i}\end{cases}\tag{2-4}$$

式中　$S_{i-1,i}$——路线导线 JD_{i-1}—JD_i 的边长。

(2)ZH 点至 QZ 点之间的中桩坐标。此段包括第一缓和曲线及圆曲线，可先计算桩点的切线支距坐标 x、y：

1)缓和曲线上桩点

$$\begin{cases}x=l-\dfrac{l^5}{40R^2l_s^2}\\y=\dfrac{l^3}{6Rl_s}\end{cases}\tag{2-5}$$

式中　l——桩点至缓和曲线起点 ZH 的曲线长；

R——圆曲线半径；

l_s——缓和曲线长度。

2)圆曲线上桩点

$$\begin{cases} x = R\sin\varphi + q \\ y = R(1-\cos\varphi) + p \end{cases} \tag{2-6}$$

式中　φ——$\varphi = \frac{l-l_s}{R}\frac{180°}{\pi}+\beta_0$，其中 l 为桩点至 ZH 的曲线长；

β_0——缓和曲线的切线角；

p——设缓和曲线后圆曲线的内移值，$p=\frac{l_s^2}{24R}$；

q——设缓和曲线后圆曲线的切线增长值，$q=\frac{l_s}{2}-\frac{l_s^3}{240R^2}$。

然后，通过坐标变换将其转换为测量坐标 X、Y。其坐标变换公式为

$$\begin{cases} X_i = X_{ZH_i} + x_i\cos A_{i-1,i} - y_i\sin A_{i-1,i} \\ Y_i = Y_{ZH_i} + x_i\sin A_{i-1,i} + y_i\cos A_{i-1,i} \end{cases} \tag{2-7}$$

注：当路线为左转时，式中 y_i 以 $-y_i$ 代入。

(3)QZ 点至 HZ 点之间的中桩坐标。此段为第二缓和曲线及后半圆曲线，仍先计算切线支距坐标，参见式(2-5)和式(2-6)，再按下式转换为测量坐标：

$$\begin{cases} X_i = X_{HZ_i} - x_i\cos A_{i,i+1} - y_i\sin A_{i,i+1} \\ Y_i = Y_{HZ_i} - x_i\sin A_{i,i+1} + y_i\cos A_{i,i+1} \end{cases} \tag{2-8}$$

注：当路线为左转时，式中 y_i 以 $-y_i$ 代入。

2. 全站仪实施放样

微课：曲线测设的坐标法详细测设

(1)安置全站仪，完成对中、整平后，将测站点的平面坐标、地面高程、仪器高、棱镜高输入全站仪。

(2)定向。在后视点处架设好棱镜，全站仪输入后视点点号和坐标数据后，照准后视点棱镜，确认照准无误后再按"确定"键。

(3)输入放样点坐标。如果是已知点，可以通过左右方向键从内存中调用已知点号的坐标值；如果是新点，则输入新点号后，按系统提示输入坐标值。

(4)确定放样点位置。用全站仪放样中桩，主要采用极坐标法。输入放样点坐标后，进入极坐标放样界面。

1)确定放样点方向。转动全站仪，使全站仪上显示的水平角差(后视点方向方位角与放样点方向方位角的差值，由全站仪自动计算)为零后，全站仪水平制动；沿全站仪视线方向，指挥前棱镜手移动，使棱镜位于视线方向。

2)确定放样点距离。沿全站仪视线方向，前棱镜手站定后，用全站仪按测距键，根据显示的距离差(棱镜到测站点的距离与极距的差值，由全站仪自动计算)小于所规定的限差时，在地面上定出放样点。否则，应根据距离差的正负号指挥前棱镜手继续朝向(正号)或背离(负号)全站仪视线方向移动。

3. 测定中桩地面高程

对于等级较低的道路(如三级及三级以下公路)，可以在中桩放样的同时使用全站仪进行中平测量。这时需要在架设全站仪时量取并输入仪器高和棱镜高。在中桩的平面位置定出后，随即测出该桩的地面高程(Z 坐标)。其原理为三角高程测量原理。这样，中平测量

就无须单独进行，从而简化测量工作。

(二)RTK 中线放样

这里以中海达 Hi-Survey 为例，RTK 中线放样的步骤如下。

1. 仪器架设、工程项目设置、仪器设置、坐标转换参数计算

仪器架设、工程项目设置、仪器设置、坐标转换参数计算的方法同“地形图测绘”项目中 RTK 图根控制测量。

2. 道路设计文件编辑

(1)在手簿的“道路放样”界面，单击“道路设计文件”按钮，进入“道路库”界面，导入或添加、编辑道路文件(*. road)，从而对道路文件中的路线设计文件进行加载或添加，如图 2-21 所示。每个道路文件下包括道路名、断链、平断面设计线、纵断面设计线、横断面设计线、边坡断面库及构筑物设计，可根据需求自行加载相应的设计文件。

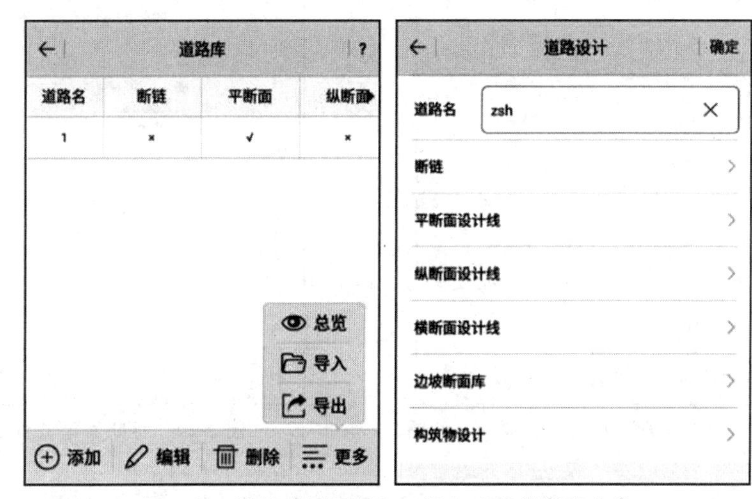

图 2-21　道路库界面导入、添加或编辑道路文件

(2)输入道路名，单击“平断面设计线”，进行平断面定线。平断面定线有很多种方式，一般使用交点法、线元法(又称积木法)或坐标法。这里需要结合实训需要，选择“交点法”。

(3)单击“交点法”进入“交点表”数据编辑界面，单击“添加”按钮，添加交点数据，从直曲表获取交点名称、N、E、交点里程(只需录入前两个点的里程)和圆曲线半径、第一缓和曲线长、第二缓和曲线长，若有交点对应的半径和曲线长，则输入；若无，则不输入，如图 2-22 所示。

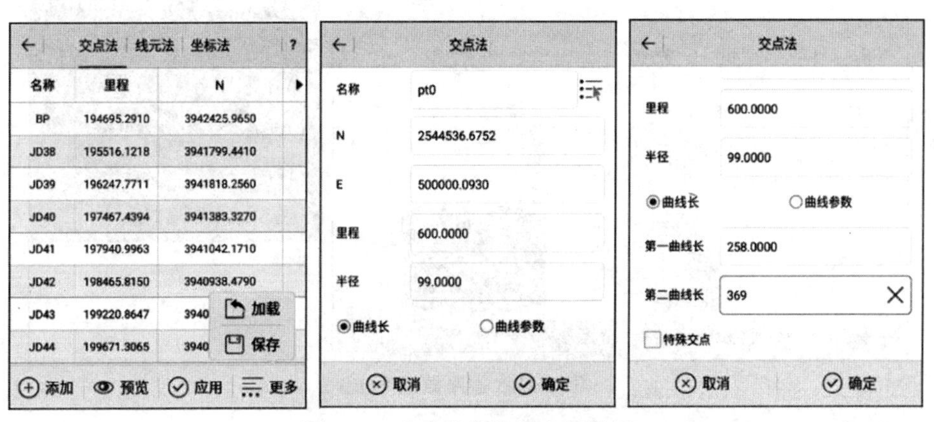

图 2-22　交点法定线及交点添加

(4)“交点法”界面，单击“删除”按钮，可以删除一个已经输入的交点数据。单击“插入”按钮，在选中点的上方插入一个交点数据。单击“编辑”按钮，可对已经输入的交点数据进行编辑，如图 2-23 所示。

(5)单击“保存”按钮，交点文件保存为 *. PHI 格式，默认保存路径为当前项目文件下的 data/roadprefile 文件夹内。

(6)单击“预览”按钮，进入“平断面预览”界面，对当前交点法列表下的数据自动成图预览，查看图形是否正确，如图 2-24 所示。在“平断面预览”界面，单击“详细信息”按钮，显示线路的详细曲线要素，包括转角值、曲线长、切线长等参数，以及特征点坐标；单击“计算”，输入里程和偏距，可以检查坐标；输入坐标，可以反算投影里程和偏距。

交点法 | 线元法 | 坐标法

名称	里程	N
BP	194695.2910	3942425.9650
JD38	195516.1218	3941799.4410
JD39	196247.7711	3941818.2560
JD40	197467.4394	3941383.3270
JD41	197940.9963	3941042.1710
JD42	198465.8150	3940938.4790
JD43	199220.8647	3940642.1590
JD44	199671.3065	3940623.6710

删除 插入 编辑

图 2-23 交点数据的删除、插入、编辑

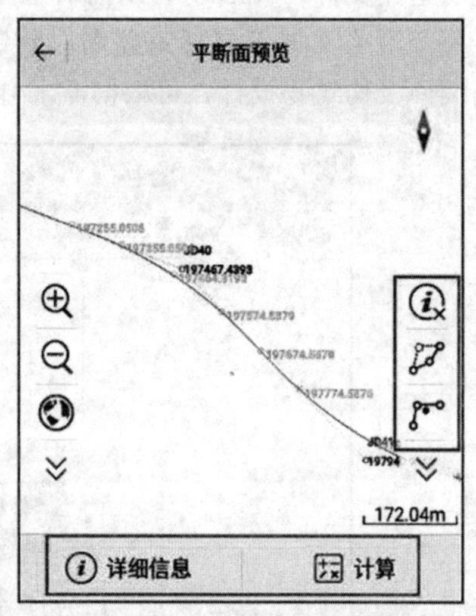

图 2-24 平断面预览界面

(7)当平断面设计数据已确定完成加载、编辑之后，单击“应用”按钮将会更新当前最新数据。

(8)在道路库界面，选中所设计的道路，单击“更多”→“导出”按钮进入文件导出。“导出”界面底部默认导出格式为逐桩坐标文件(*.csv)，左上角显示“设置”按钮(进入时软件提示当前逐桩导出设置内容)。单击“设置”按钮，软件即进入“逐桩导出设置”界面。然后可通过自定义逐桩相关配置，设置导出逐桩内容，如图 2-25 所示。更改各项设置之后，单击“确定”按钮，软件返回“逐桩导出”界面，后续确定按照设置内容进行导出。

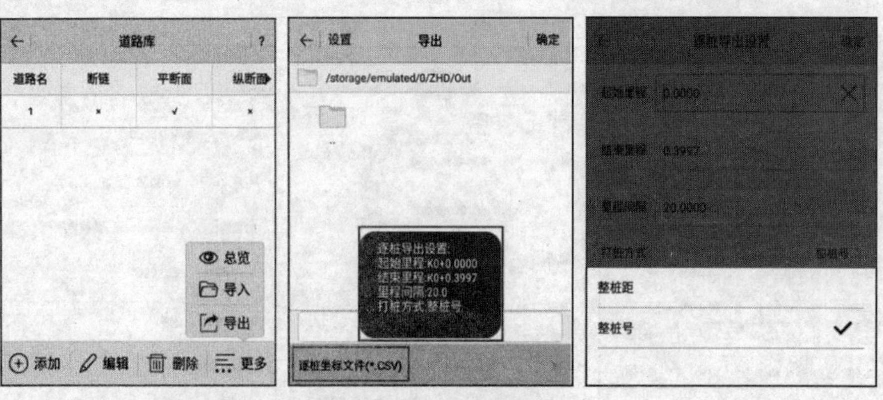

图 2-25 道路数据导出

3. 道路放样

(1)调入道路文件。具体步骤如下。

1)在“道路放样”界面，单击按钮进入道路库调入道路数据文件，单击右下角“更多”→“导入”按钮，导入道路文件(＊.road)，如图 2-26 所示。

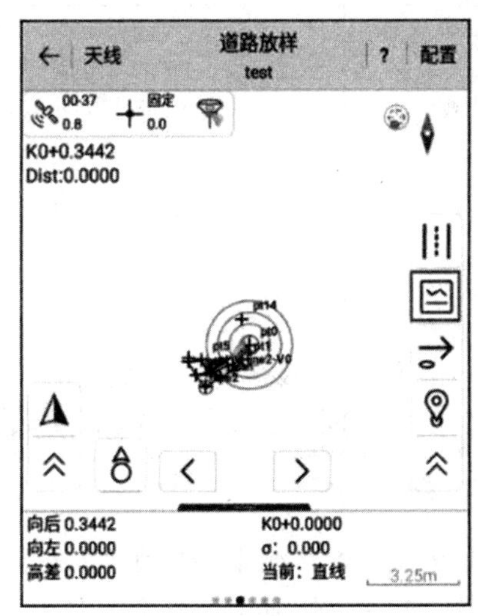

图 2-26　道路放样界面与道路库界面

2)选择新建道路时，可以通过道路设计界面，分别导入路线的断链、平断面、纵断面、横断面及边坡断面、构筑物设计文件，每个文件导入后单击对应文件界面的“应用”按钮。这里主要需要导入平断面设计文件。

3)成功“应用”该设计文件后，界面会有已更新的提示；在“道路设计”界面，单击右上角“确定”按钮；同时返回“道路库”界面，提示“操作成功”，道路列表下可查看设计文件是否已添加、起点/终点里程，以及数据文件路径，以方便进行核对。

4)单击选择道路库列表下的一个待放样道路线，单击“道路库”界面右上角“确定”按钮即可进行放样，如图 2-27 所示。

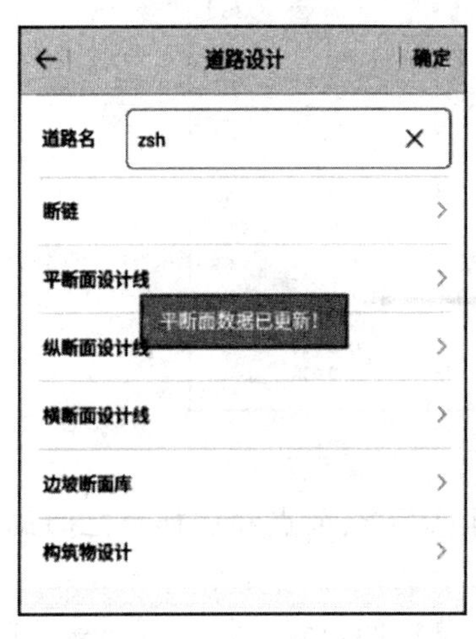

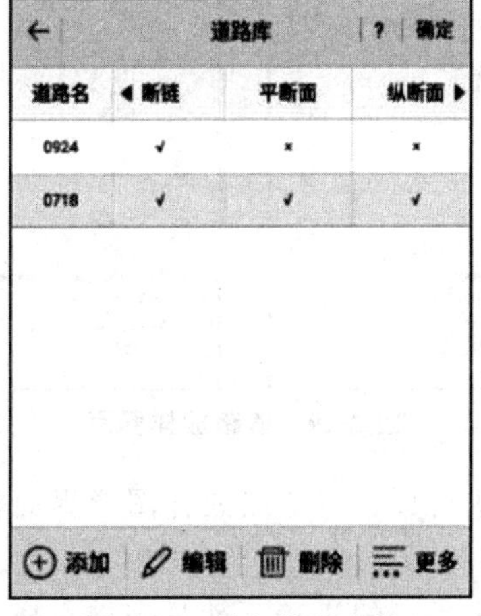

图 2-27　导入道路文件

(2)道路放样。在“道路放样”界面，单击采样点图标，可输入待放样点的里程，其中里程、偏距会根据增量自动累加；也可对里程偏距文件进行添加、编辑和导入等操作，单击“确定”进入放样界面，如图 2-28 所示。若当前在“采样点”界面，单击右上角“确定”按钮后，将以采样点界面设置的里程、偏距进行放样；若当前在“里程偏距文件”界面，单击右上角“确定”按钮后，将以里程偏距文件设置的里程、偏距进行放样。

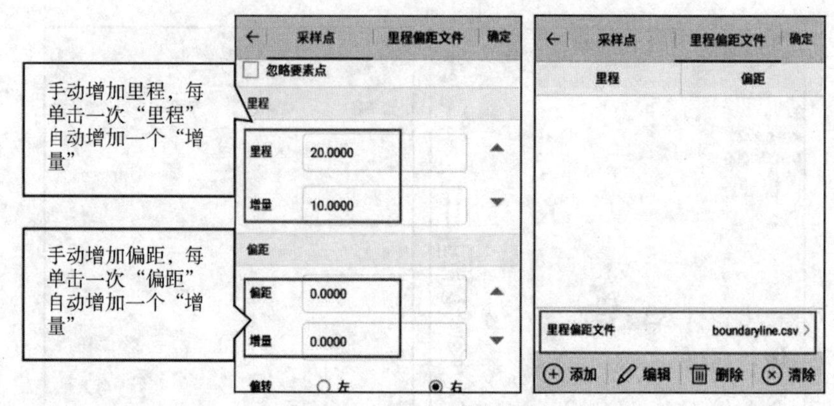

图 2-28 不同放样模式界面

这里的“偏距”指的是面向里程递增方向，当前点离路线垂线的距离(左负右正)。“偏距”一般在道路边桩放样时使用。“偏转”选择“左”或“右”分别代表线路的左边和右边，输入中线到边线的距离，增量为零，即可放样特定里程的边桩。

“道路放样”界面右边图标最上方|⁞|为切换视角按钮(道路俯视图和横截面视角切换)，如图 2-29 的右图所示。在横截面视角中，小圆点表示当前位置在横断面上的对应位置，界面左上显示当前实时里程和距中线的偏距(左负右正)，左下显示到当前断面需要填挖高度。

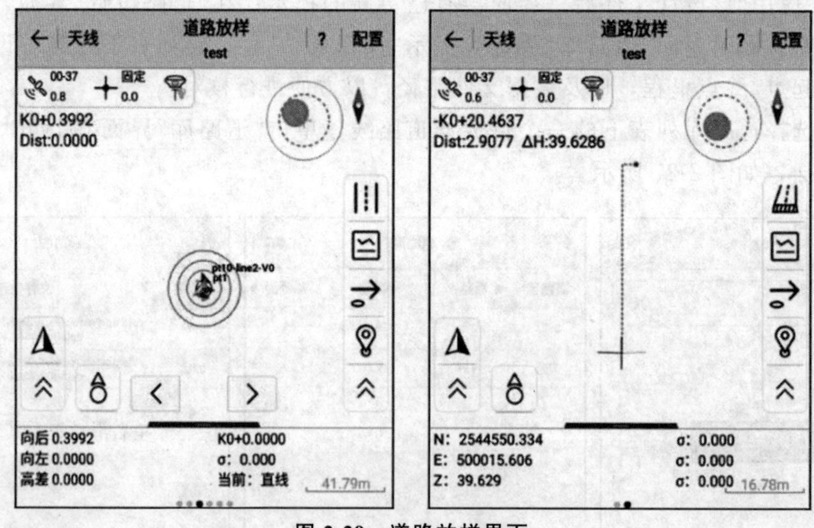

图 2-29 道路放样界面

单击“启用”，对该采样点进行放样，道路放样图形界面将显示当前点和放样点之间的虚线连接，以及进行放样指示。

根据放样提示放样出指定里程点的过程，就是当前点(屏幕中间位置的箭头标志▲)到目标点(圆形加十字标志)的靠近过程。在“道路放样”界面中，箭头符号▲是当前点位置及其速度方向，圆形标志是目标点，虚线是连接当前点和目标点的线，只要使得行走方向与连接线相重合，就可以保证放样行走方向是正确的，如此便可以方便地找到目标点。下面的信息栏是放样提示信息，提示行走方向及垂直方向上的差值。

当前位置离放样线上正在放样的点的距离小于设置的放样提示距离时，放样区域将被缩小至所设放样提示距离的范围，同时软件显示按钮，并将当前正在放样的点居中。此时，放样界面显示两个以放样点为圆心的同心圆，半径大的表示放样提示距离范围，半径小的表示放样精度范围。单击按钮时，地图将恢复至放样区域被缩小之前的大小，同时该按钮变为，如图 2-30 所示。当前位置距放样点的距离大于所设放样提示距离＋1 时，地图将恢复至放样区域被缩小之前的大小，同时或按钮消失。

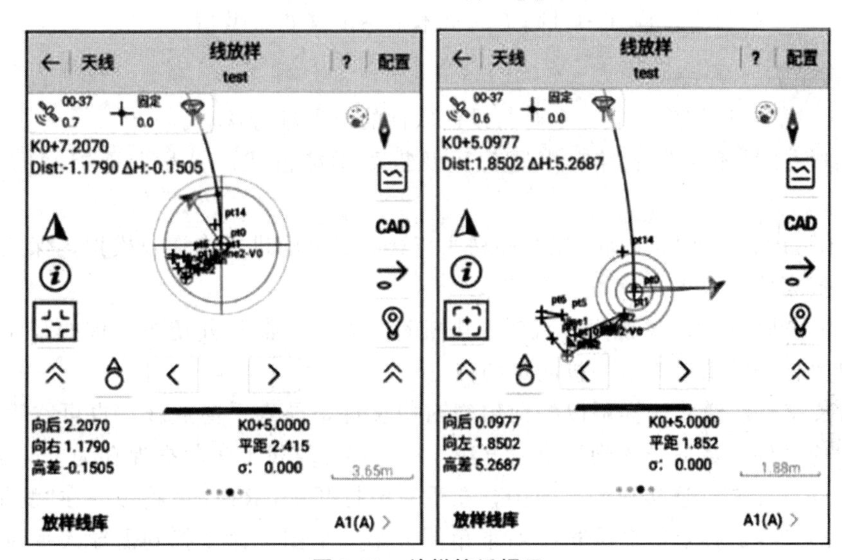

图 2-30　放样接近提示

打开实时里程功能，软件会将当前位置点投影到线路上，显示投影点的里程数，这样有利于判断行走方向。

另外，RTK 中桩放样的同时，还可以采集中桩处的地面高程，并同步记录。

(三)打桩标记

1. 桩的尺寸要求

对于中线控制桩，如路线起点桩、终点桩、公里桩、交点桩等重要桩，一般采用 5 cm×5 cm×30 cm 的方桩；其余桩一般多采用(1.5～2)cm×5 cm×25 cm 的板桩。

2. 中桩的书写要求

(1)所有中桩均应写明桩号。公里桩、百米桩、桥位桩应写出公里数。曲线主点桩应标出桩名：ZH(ZY)、HY、QZ、YH、HZ(YZ)、GQ 等。

(2)为了便于找桩，避免漏桩，所有中桩都应在桩的背面编写 0～9 的循环序号，并做明显标记，以便查找。

(3)一般用红色油漆书写(在干旱地区或急于施工的路线，也可用记号笔或墨汁书写)。字迹应工整、醒目，写在距离桩顶 5～10 cm 内。

3. 中桩打桩要求

(1)中桩打桩，不要露出地面太高，一般以能露出桩号为宜，钉设时将里程桩号面向起点方向，背面序号朝向终点方向。

(2)中桩位于柔性路面上时，可打入大铁帽钉，并在路旁一侧打上指示桩，注明距中线的横向距离，并以箭头指示中桩位置及其桩号。

(3)遇到刚性路面无法打桩时，应在路面上用红色油漆标记"⊕"表示桩位，并写明桩号、序号等，并在路侧打上指示桩。指示桩侧面标记要规范，字面要指向中桩方向，并写清楚指示桩与中桩的左、右关系。

(4)遇到岩石地段无法打桩时，应在岩石上凿刻标记"⊕"表示桩位，并写明桩号、序号等，并在附近松软的地方打上指示桩。

(5)杂草丛生的地方，应在中桩附近的草木上系上红布条做指示。

【注意事项】

(1)手工计算的逐桩坐标表一定要与设计软件的结果进行核对。

(2)桩背面序号不可以省略，书写位置及桩面不能混淆。桩号前面冠写的"+"不能省略。

(3)关于持镜者，前后移动、左右移动要与观测者事前进行沟通及模拟，保证放样中准确到位，并提高放样效率。

(4)采用全站仪或 RTK 敷设中线时，中桩钉设好后，测量并记录中桩的平面坐标，测量值与设计坐标的差值应小于中桩测量的桩位限差。

(5)RTK 交点法道路放样可以提前编辑对应文件，导入手簿放样，也可在手簿内输入信息形成对应文件。数据导入到手簿的方法：首先在计算机上将数据保存为 .dat 或 .txt 或 .csv 格式，用同步软件连接放到手簿中，在手簿中打开 Hi RTK 道路版，在"测量"里面单击"碎部点测量"→放样点库命令选择右下角倒数第二个图标命令找到需导入手簿里面的数据文件，选中后单击"确定"按钮，在跳出的对话框里面，编辑格式→中间用分隔符隔开。单击"√"按钮即可。

(6)用 RTK 进行测设，曲线的点位误差、横向和纵向偏差完全可以满足工程的要求。由于 RTK 放样不存在误差累积，因此比常规仪器测设的精度高。如有误差超限的点，可以根据测量的条件，判断出误差的来源，对于放样点在市区的工程，误差多为信号干扰误差。对于接近水域的地区，则为多路径误差。

(7)鉴于切线支距法、偏角法是路线曲线放样的基础方法，因此，实训要求每个小组补充完成任一曲线切线支距法、偏角法放样数据的计算。具体计算公式见《工程测量》。

【成果要求】

每人完成实训记录本表 2-5～表 2-9 的记录计算，表 2-10 根据需要选填。

(1)表 2-5 逐桩坐标表(任一曲线)

(2)表 2-6 全站仪中桩放样记录表

(3)表 2-7 切线支距法详细测设平曲线记录计算表(任一曲线)

(4)表 2-8 偏角法详细测设平曲线记录计算表(任一曲线)

(5)表 2-9 RTK 放样设置表

(6)表 2-10 RTK 中桩放样检核记录表(选填)

任务三　纵断面测量

任务描述

本任务是在道路沿线设置满足测设与施工所需要的水准点，建立路线高程控制测量，即基平测量，然后根据基平测量测定的水准点高程，分段进行水准测量，测定路线各里程桩的地面高程，称为中平测量，从而得到道路中线的高低起伏变化情况，为后续纵断面设计提供地面高程资料。本任务按照“从整体到局部、先控制到碎部”的测量原则，将纵断面测量分为基平测量与中平测量两步完成，以有效地进行成果检核并保证满足测量精度要求。

【技术原理】

水准测量原理在地形测绘项目的高程控制测量中已说明。常用的方法有高差法、视线高法。其中，基平测量采用高差法；中平测量采用视线高法。

(1)高差法基平测量。高差法基平测量有两种情况，一是无须设转点的观测；二是需设转点的观测。方法同普通水准测量。

(2)视线高法中平测量。视线高法中平测量用到的计算公式如下：

$$\begin{cases}\text{视线高程}=\text{后视点高程}+\text{后视读数}\\\text{前视高程}=\text{视线高程}-\text{前视读数}\\\text{中桩高程}=\text{视线高程}-\text{中视读数}\end{cases}\tag{2-9}$$

【技术规范】

《公路勘测规范》(JTG C10—2007)规定，高速、一级公路高程控制测量选用四等水准测量，二、三、四级公路选用五等水准测量等级。

注：本实训为平原区三级公路设计标准，因此，基平测量选择五等水准测量等级，技术指标应符合表 2-6 中平原、微丘区标准的要求。

表 2-6　基平水准测量的主要技术要求

测量等级	往返较差、附合或环线闭合差/mm		检测已测测段高差之差/mm
	平原、微丘	重丘、山岭	
五等	$\leqslant 30\sqrt{L}$	$\leqslant 45\sqrt{L}$	$\leqslant 40\sqrt{L_i}$
注：①计算往返较差时，L 为水准点间的路线长度(km)； ②计算附合或环线闭合差时，L 为附合或环线的路线长度(km)；n 为测站数。L_i 为检测测段长度(km)，小于 1 km 时按 1 km 计算			

中平测量的技术标准为高速公路、一级公路、二级公路为$\pm 30\sqrt{L}$；三级及三级以下公路为$\pm 50\sqrt{L}$。

注：本实训为三级公路，中平测量的技术标准选择$\pm 50\sqrt{L}$。

【实施步骤】

(一)设置路线水准点

微课：纵断面测量

1. 位置选择和标注

路线水准点的设置既要靠近路线，又要估计不致为日后施工或行车等所破坏。路线水准点距路线中心线的距离应大于50 m，宜小于300 m。

一般应选择高程不变、不易风化的基岩，或永久性建筑物等牢固的地方(在立尺点凿上"⊕"记号，并用红油漆涂色)来设置。水准点应按顺序编号，用红油漆标明BM编号、测量单位(简称)和年月等(图2-31)。

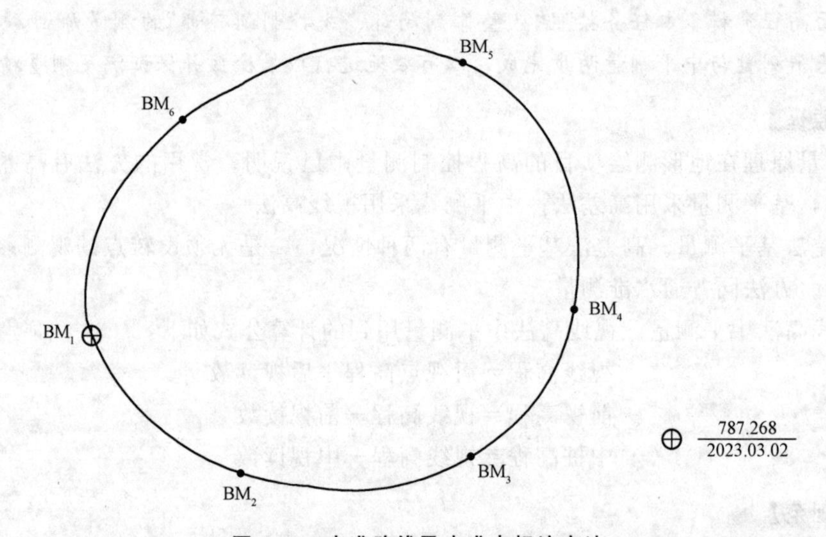

图2-31 水准路线及水准点标注方法

2. 设置数量

水准点设置的数量要满足测设、施工需要，要求路线相邻高程控制点之间的距离以0.5～1.0 km为宜，特大型构造物每一端应埋设2个(含2个)以上高程控制点。

(二)基平测量

基平测量的主要任务是测定沿路线设置的水准点的高程，建立路线高程控制，作为后续中平测量、施工放样及竣工验收的依据。

基平测量应将起始水准点与附近国家水准点进行联测，以获取绝对高程，并对测量结果进行检测。如有可能，应构成附合水准路线。当路线附近没有国家水准点，或引测困难时，则可参考地形图或用气压表选定一个与实际高程接近的高程作为起始点水准点的相对高程。

基平测量采用水准测量的方法，观测时采用一台水准仪在水准点间作往返观测，也可采用两台水准仪分别作单程观测。

注：本实训结合实训场地条件及教学安排，可以选择基平水准点，并实测其高程，也可以将路线控制点作为基平水准点。

确定出各水准点的高程后，应填写"水准点表"，见表2-7。

表 2-7　水准点表

水准点编号	高程	位置		备注
		路线中心桩号	说明	
1	2	3	4	5
…	…	…	…	…
BM_i	600.245	K1+240	在 K1+240 左侧 20 m 水泥混凝土桩上	水准点位置为水泥混凝土桩上钢筋顶部
…	…	…	…	…

(三)中平测量

根据基平测量测定的水准点高程，分段测定路线各中桩的地面高程，作为绘制路线纵断面地面线的依据。

1. 观测方法

中平测量时，一般以两相邻水准点为一测段，从一个水准点开始，逐个测定中桩的地面高程，直至附合到下一个水准点上。在每个测站上，除传递高程，观测转点外，应尽量多地观测中桩。相邻两转点间所观测的中桩，称为中间点，其读数为中视读数。两相邻水准点之间形成附合水准路线。

2. 数据记录

如图 2-32 所示，水准仪置于Ⅰ站，首先后视水准点 BM_1，将其读数记入表 2-8 后视栏内。然后前视转点 ZD_1，将读数记入前视栏内。最后观测 BM_1 与 ZD_1 之间的中桩点 K0+000、+020、+040、+060、+080，将其读数记入中视栏。再将仪器搬至Ⅱ站，后视转点 ZD_1，前视转点 ZD_2，然后观测各中桩点+100、+120、+140、+160、+180，将读数分别记入后视、前视和中视栏。按上述方法继续前测，直至附合于水准点 BM_2。

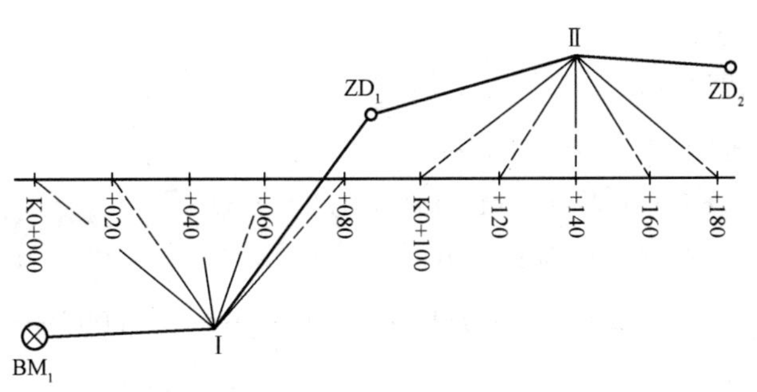

图 2-32　中平测量

表 2-8　中平测量记录计算表

仪器型号：　　　　日期：　　　　天气：　　　　观测：　　　　记录：

桩号或测点编号	水准尺读数/m			视线高程/m	高程/m	备注
	后视	中视	前视			
BM_1	2.191			514.505	512.314	
K0＋000		1.62			512.89	
＋020		1.90			512.61	
＋040		0.62			513.89	
＋060		2.03			512.48	
＋080		0.90			513.61	
ZD_1	3.162		1.006	516.661	513.499	BM_1 的高程为基平所测 基平测的 BM_2 高程为 524.824 m
＋100		0.50			516.16	
＋120		0.52			516.14	
＋140		0.82			515.84	
＋160		1.20			515.46	
＋180		1.01			515.65	
ZD_2	2.246		1.521	517.386	515.140	
…	…	…	…	…	…	
K1＋240		2.32			523.06	
BM_2			0.606		524.782	

3. 数据计算和成果校核

中平测量只做单程测量。一测段观测结束后，应计算测段高差 $\Delta h_{中}$。它与基平所测测段两端水准点高差 $\Delta h_{基}$ 之差，称为测段高差闭合差 f_h。计算方法见式(2-10)。测段高差闭合差应符合中平测量技术要求，否则应重测。中平测量技术要求见前述技术规范(本实训为三级公路，$f_{h容}=\pm 50\sqrt{L}\,\text{mm}$)。

$$\begin{cases} \Delta h_{基} = H_2 - H_1 \\ \Delta h_{中} = \sum a - \sum b \\ f_h = \Delta h_{中} - \Delta h_{基} \end{cases} \tag{2-10}$$

式中　H_1，H_2——起终水准点高程；

a，b——后视读数、前视读数；

f_h——测段闭合差。

对表 2-8 进行校核如下：

$f_{h容}=\pm 50\sqrt{L}=\pm 50\sqrt{1.24}=\pm 56(\text{mm})$

$L=(\text{K1}+240)-(\text{K0}+000)=1\ 240(\text{m})=1.24(\text{km})$

$\Delta h_{基}=524.824-512.314=+12.510(\text{m})$

$\Delta h_{中}=\sum a-\sum b=(2.191+3.162+2.246+\cdots)-(1.006+1.521+\cdots+0.606)$
$=+12.468(\text{m})$

$f_h=\Delta h_{中}-\Delta h_{基}=12.468-12.510=-0.042(\text{m})=-42\ \text{mm}$，$|f_h|<|f_{h容}|$，精度符合要求。

当$|f_h| \leqslant |f_{h容}|$时，按式(2-9)进行计算，并填表。

【注意事项】

(1)测定中桩高程时，塔尺一定是立在紧贴中桩的地面上，不能放置在桩志顶部。水准点和中桩处不用尺垫，转点处用尺垫。

(2)后视读数与前视读数读至 mm 位，中视读数可读至 cm 位，前视与中视读数的记录与填写不能混淆。

(3)有条件时，基平测量的起算高程最好采用一定等级的水准点高程，不具备条件时，可自行设定。

(4)后视是指首看的水准点，施测中要注意路线行进方向与后视称谓的关系，不可将前后视记录颠倒。

(5)基平测量一定要设置单独的闭合或附合水准路线。不可以用中平测量弥补基平测量，人为地改变测量程序。

(6)实训时，中桩高程测量也可以根据需要或实训条件采用三角高程测量或 RTK 方法施测。

【成果要求】

每人完成实训记录本表 2-11～表 2-14 的记录计算。

(1)表 2-11　水准点记录表(基平)

(2)表 2-12　基平水准测量记录计算表(双仪高法)

(3)表 2-13　水准测量成果计算表

(4)表 2-14　中平测量记录计算表(全线)

任务四　横断面测量

任务描述

本阶段的任务是现场实测道路中线各中桩两侧一定宽度范围内垂直于中线方向的地面起伏情况，供路线横断面图点绘地面线、路基横断面设计、土石方数量计算、挡土墙设计、桥涵设计及施工边桩放样等使用。实施时，先确定中桩横断面方向，然后进行横断面测量。

【技术原理】

RTK 横断面采集原理：采用线路放样模式，横断面的流动站在任意位置时，都会显示距中线的垂直距离，因此，只需移动到设计中桩号对应的地方，根据地形变化情况采集该变化点的位置数据(包含距中线距离、高程)，然后读取前面的中线测量数据记录，计算出变化点相对应的桩号的横断面数据(相对中线的距离、高差)。

微课：横断面测量

【技术规范】

《公路勘测规范》(JTG C10—2007)规定，横断面检测互差限差要求见表 2-9。

表 2-9 横断面检测互差限差

公路等级	距离/m	高差/m
高速公路，一、二级公路	≤L/100+0.1	≤h/100+L/200+0.1
三级及三级以下公路	≤L/50+0.1	≤h/50+L/100+0.1
注：L——测点至中桩的水平距离(m)；h——测点至中桩的高差(m)		

【实施步骤】

(一)RTK 横断面采集

横断面采集时，输入里程可以唯一定义一个横断面的位置，然后在此断面一定范围内进行采集，处理数据时候能将这些定义为一个横断面的坐标点区别即可，因此，使用软件时，首先调入道路数据文件(主要是平断面数据)，然后输入指定一个里程，软件自动计算该里程处的横断面位置，并在图形上显示一条虚线作为参考线，当靠近此参考线，软件计算当前位置与该参考线的距离，若小于横断面限差设定值，提示可以进行横断面点采集(设定值可以执行“配置”→“数据”→“横断面限差”命令进行设定)。

如图 2-33 所示的“横断面采集”界面中，单击按钮，可加载道路设计文件，单击选择按钮加载已存在的设计文件。单击按钮可定义下一个里程的横断面，包括设定横断面里程、里程增量、范围及横断面和线路的夹角。

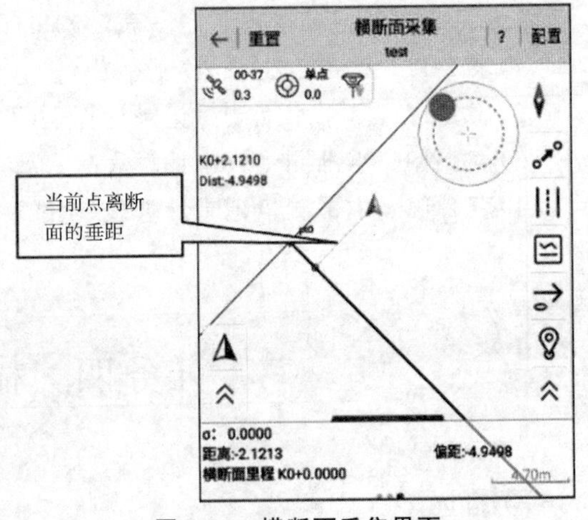

图 2-33 横断面采集界面

单击按钮可单次采集坐标点。单击单次采集图标后，进入“横断面点信息”界面，对横断面点信息进行调整，如图 2-34 所示。例如，若勾选“中桩”，该点将作为该横断面的参考点，横断面点库将保存该横断面上其他点相对于中桩点的平距和高程(注意：每个断面必须定义一次断面里程，且采集中桩点，否则该断面采集的断面点将无效，或者事后手动添加中桩点)。

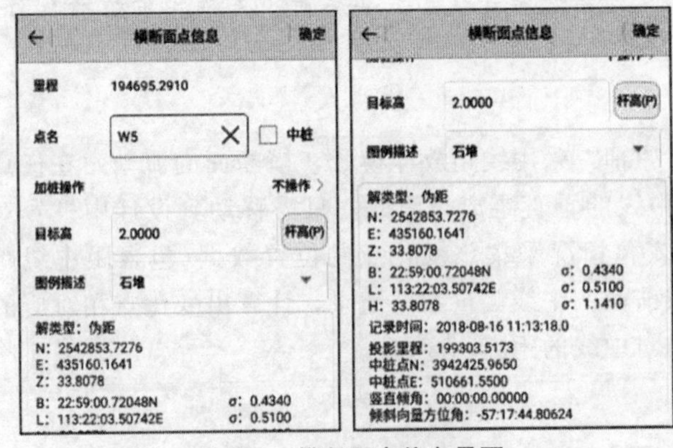

图 2-34 横断面点信息界面

单击“视角切换”按钮，切换到横截面视角显示当前断面里程已经采集过的横断面点。

(二)横断面数据导出

在“横断面点库”界面中，可对横断面数据进行编辑和管理。其中，“中桩”支持添加中桩，“导出”支持导出成其他的数据格式，包括海地格式、纬地格式、中铁咨询格式、鸿业数据格式、南方 Cass7.0、自定义及 EICAD 设计等格式，并且支持导出属性字段说明，如图 2-35、图 2-36 所示。

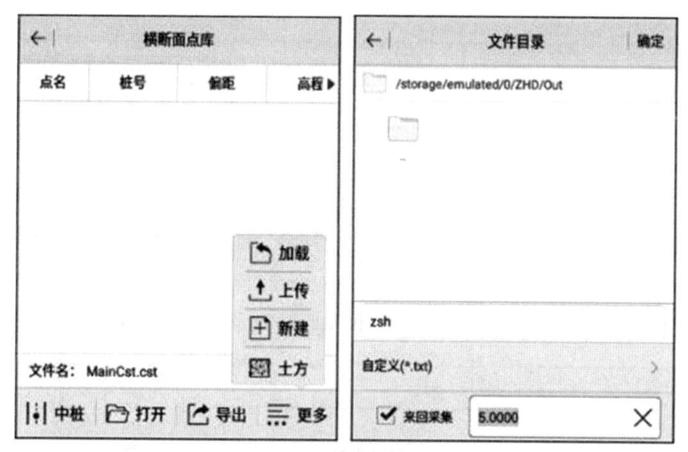

图 2-35　横断面点库界面

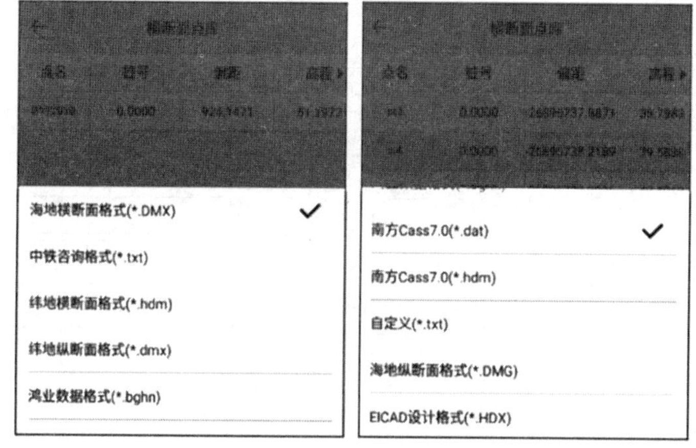

图 2-36　导出横断面数据

(三)数据记录

在实训中，如不具备 RTK 横断面测量的条件时，可采用标杆皮尺法、水准仪皮尺法或全站仪坐标法进行测量。具体方法见《工程测量》。

如采用标杆皮尺法，横断面测量数据可以按表 2-10 所示的格式手工记录。采用水准仪皮尺法测量时，可以按表 2-11 所示的格式手工记录。高差和距离可以是相对于前一个地形特征点的，也可以是相对于中桩的。但同一个项目或一个横断面组宜采用相同的格式，记录时应注明格式。

注：记录数据时左右方向为面向路线行进方向时的左右。

表 2-10 标杆皮尺法横断面测量记录表

仪器型号： 日期： 天气： 观测： 记录：

$\left(\frac{\text{高差}}{\text{距离}}\right)$左侧	桩号	右侧$\left(\frac{\text{高差}}{\text{距离}}\right)$
$\frac{4.2}{20.6}$ $\frac{0.2}{6.9}$ $\frac{2.4}{3.6}$ $\frac{2.8}{10.2}$	K0＋340	$\frac{-4.0}{12.6}$ $\frac{-1.5}{8.0}$ $\frac{-0.4}{3.6}$
$\frac{6.8}{18.6}$ $\frac{0}{5.8}$ $\frac{4.8}{16.2}$	＋360	$\frac{-4.5}{19.6}$ $\frac{-1.2}{6.9}$ $\frac{0}{10.0}$
$\frac{4.6}{18.6}$ $\frac{0.2}{5.2}$ $\frac{4.0}{3.8}$ $\frac{2.8}{5.4}$	＋380	$\frac{-1.6}{16.4}$ $\frac{-2.2}{9.6}$ $\frac{0}{15.0}$
…	…	…
注：本记录表中的距离为相对于前一个特征点的距离		

表 2-11 水准仪皮尺法横断面测量记录计算表

仪器型号： 日期： 天气： 观测： 记录：

中桩		变坡点				备注
桩号	后视读数/m	与中桩相对位置	距中桩的水平距离/m	前视读数/m	与中桩的高差/m	
K1＋260	0.91	左侧	5.9	0.66	0.25	
			12.7	0.92	−0.01	
			17.2	0.85	0.06	
			20	0.93	−0.02	
		右侧	7.7	0.87	0.04	
			14.1	1.06	−0.15	
			20	0.96	−0.05	
K1＋280	0.97	左侧	8.8	1.34	−0.37	
			15.1	0.98	−0.01	
			20	1.23	−0.26	
		右侧	5.6	1.03	−0.06	
			12.1	1.25	−0.28	
			20	1.21	−0.24	
…	…	…	…	…	…	…

横断面测量除应观测高程变化点之间的距离和高差外，还宜观测最远点到中桩的距离和高差，其与高程变化点之间的距离和高差总和之差不应大于技术规范要求，详见表 2-9。

【注意事项】

(1)横断面测量时，一定要注意区分左侧、右侧，不允许出现横断左侧、右侧方向颠倒的现象。

(2)RTK 横断面采集作业时，一定要先设置里程桩号，再采集横断面线，一条断面线采集完，切换下一条断面线对应的里程桩号接着采集。在中桩上采集中桩高程打“√”。

(3)横断面测量施测宽度根据设计需要而定，以保证横断面设计线与地面线能相交。一般情况下，不小于 50 m。横断面中的距离、高差的读数取位至 0.1 m。本实训结合公路实训场地条件，实测宽度可适当减小。

【成果要求】

采用标杆皮尺法(或水准仪皮尺法)时，每人完成实训记录本表2-15(或表2-16)的填写。记录要求字迹清晰，字形规范。

(1)表2-15　横断面测量记录表(标杆皮尺法)

(2)表2-16　横断面测量记录表(水准仪皮尺法)

任务五　内业设计

任务描述

本阶段的任务是根据现场采集的纵断面与横断面地面线资料，依据《公路路线设计规范》(JTG D20—2017)的规定，合理进行路线纵断面与横断面设计，生成路线纵断面设计图、路基横断面设计图、路基设计表、路基土石方工程数量表等设计成果。

【技术原理】

(一)纵断面设计原理

(1)满足汽车行驶特性：纵坡力求平缓，陡坡宜短，纵坡度变化不宜太多；

(2)保持视觉的连续性：视觉上自然诱导视线；

(3)保证线形平顺圆滑：平纵线形指标均衡，保持协调；

(4)满足路线排水需要：保证最小纵坡满足要求。

根据汽车的动力特性、公路等级、地形、地物、水文地质，综合考虑路基稳定、排水及工程经济性等，研究纵坡的大小、长短、竖曲线半径及与平面线形的组合关系，设计出纵坡合理、线形平顺圆滑，并且视觉连续的理想线形，以达到行车安全、快速、舒适、工程费较省、运营费用较少的目的。

(二)横断面设计原理

(1)保证足够的断面尺寸：满足规范要求；

(2)保证路基强度与稳定性：边坡大小的确定要保证路基稳定且经济合理。

【技术规范】

根据《公路路线设计规范》(JTG D20—2017)规定，三级公路的纵断面与横断面设计指标如下。

(一)纵断面设计指标

(1)路线最大纵坡8%；最小纵坡0.3%；

(2)对应于纵坡i的最大坡长限制值：1 100 m(4%)；900 m(5%)；700 m(6%)；500 m(7%)；300 m(9%)；200 m(9%)；

(3)最小坡长：100 m；

(4)竖曲线最小半径：一般最小值 400 m；极限最小值 250 m；

(5)竖曲线最小长度：25 m。

(二)横断面设计指标

路基宽度 7.5 m，行车道宽度 2×3.25 m，土路肩 0.5 m；填方边坡 1∶1.5，挖方边坡 1∶1。

【实施步骤】

(一)纵断面设计

利用纬地道路软件设计纵断面的步骤为地面线数据输入、控制点标注、纵断面交互设计、成果输出。

1. 地面线数据输入

(1)执行“数据”→“纵断面数据输入”，进入“纵断面地面线数据编辑器”界面，如图 2-37 所示。

(2)单击“纵断面地面线数据编辑器”的菜单“文件”→“设置桩号间距”，设定按固定间距自动提示下一个要输入的桩号。

(3)在“纵断面地面线数据编辑器”对应的“桩号”和“高程”列表里输入桩号和对应的地面高程。

(4)输入完成所有数据后，在“纵断面地面线数据编辑器”的工具栏中单击“存盘”按钮，系统将地面线数据写入到指定的数据文件中，并自动添加到项目管理器中。

需要注意的是，每输入完一个数据后要按回车键确认输入的数据。输入高程数据后按回车键，系统自动向下增加一行，光标也调至下一行，同时按设定的桩距自动提示桩号。也可以用写字板、edit、Word 及 Excel 等文本编辑器编辑输入或修改纵断面地面线数据，但数据的格式为 HintCAD 要求的格式，并且存盘时必须保存为纯文本格式，最后向项目管理器中添加纵断面地面线数据文件。

地面线输入也可以在进入“纵断面地面线数据编辑器”后，只输入起点的高程后保存数据生成 *.dmx 格式的地面线文档，再单击“项目管理器”按钮，如图 2-38 所示，找到地面线数据文件，双击打开，进入地面线编辑界面，如图 2-39 所示，再将如图 2-40 所示格式的中平测量结果复制到地面线文件中，保存数据。

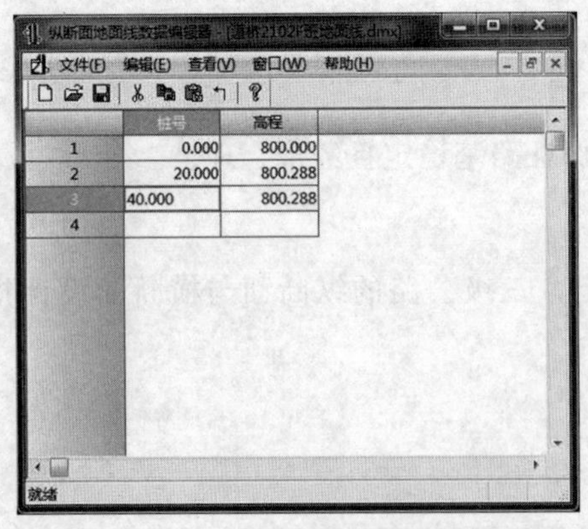

图 2-37 纵断面地面线数据编辑器

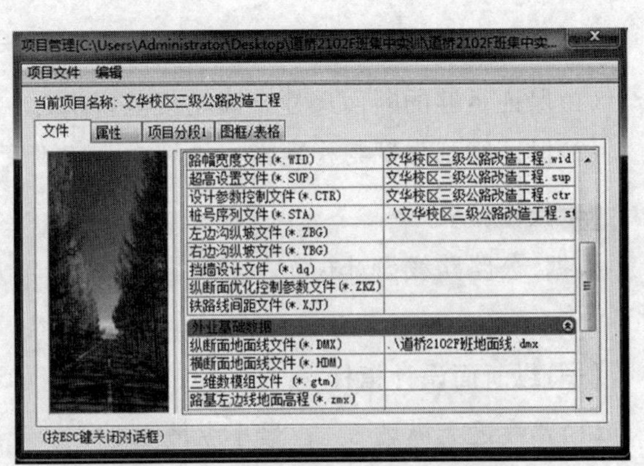

图 2-38 项目管理器中找地面线文件

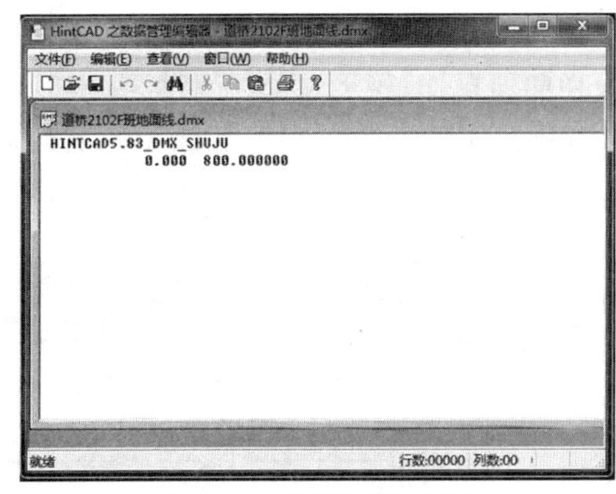

图 2-39　地面线编辑界面

里程	高程
0	800.00
20	800.29
40	846.00
60	848.00
80	845.80
100	844.80
120	850.00
140	850.00
160	852.00
180	852.00
200	852.70

图 2-40　中平测量结果示例

2. 控制点标注

控制点是指影响路线纵坡设计的高程控制点。如路线起、讫点的接线标高，越岭垭口、大中桥涵、地质不良地段的最小填土高度和最大挖方深度，沿溪线的洪水位，隧道进、出口，路线交叉点，人行和农用车通道、城镇规划控制标高，以及其他路线高程必须通过的控制点位等，都应作为纵断面设计的控制依据。在纵断面设计之前应该将控制点的数据输入到 HintCAD 中，以便在纵断面纵坡设计时显示在图形中，为设计提供参考。

(1)执行菜单“数据”→“控制参数输入”命令，进入“控制参数输入”界面，如图 2-41 所示。

(2)单击“桥梁”“涵洞通道”“隧道”等选项卡。

(3)单击“插入”按钮，添加新的控制对象，并输入相关的详细数据。

应当注意的是，标注中，其他高程控制如沿线洪水水位和地下水水位控制标高、特殊条件下路基控制标高等数据无法用 HintCAD 软件输入，需要设计人员根据控制的里程和高程手工在 AutoCAD 图形中标注出来，为设计提供参考。这些控制高程点可以在桥梁控制数据中输入，输入时桩号为控制点的桩号，“桥梁名称”输入为控制点名称，“跨径分布”和“结构型式”输入一个空格。“控制标高”输入控制点的控制高程，选择合适的“控制类型”。最后输出图形和表格时注意删除这些数据。

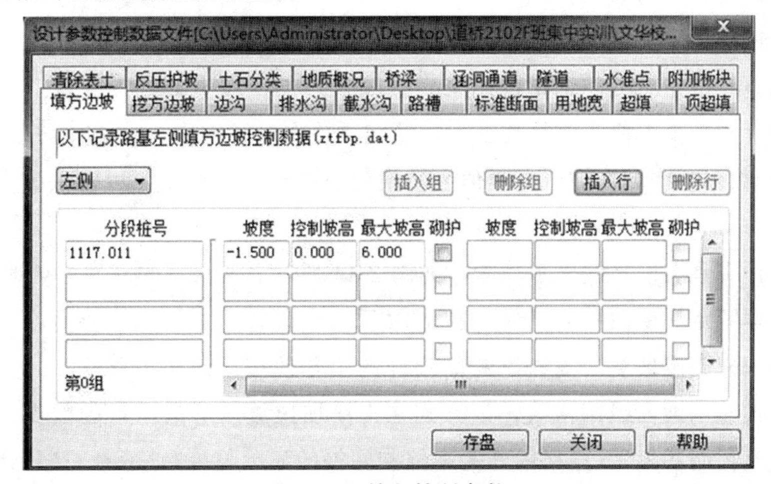

图 2-41　输入控制参数

3. 纵断面交互设计

(1)启动纵断面设计。执行菜单“设计”→“纵断面设计”命令，进入“纵断面设计”界面，如图 2-42 所示。再单击“计算显示”按钮，双击鼠标中间滑轮，出现已经导入的地面线，如图 2-43 所示。

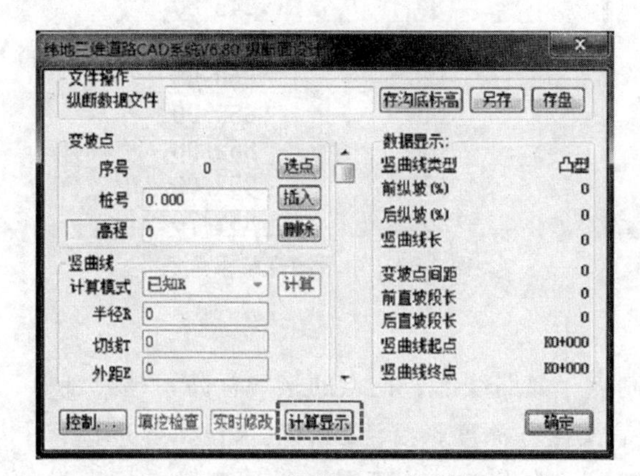

图 2-42 纵断面设计界面

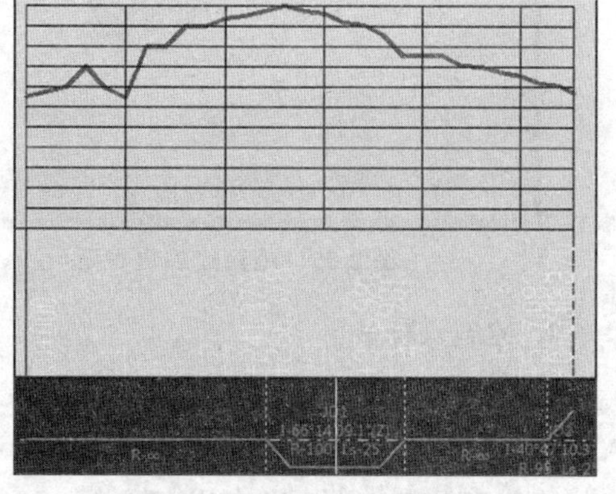

图 2-43 纵断面设计界面

如果项目中存在纵断面设计数据文件(＊.zdm)，系统将自动读入并进行计算显示相关信息。“存盘”和“另存”可将修改后变坡点及竖曲线等数据保存到数据文件中。第一次单击“计算显示”按钮，程序将在当前屏幕图形中绘制出全线的纵断面地面线、里程桩号和平曲线变化，同时，屏幕图形下方也会对应显示一栏平曲线变化图，为设计人员直接在屏幕上进行拉坡设计做准备。

(2)交互拉坡设计。在纵断面设计界面，单击“选点”按钮，选择在纵断面起点，再依次单击“插入”按钮，可以连续增加新的变坡点或在两个变坡点之间插入变坡点，如图 2-44 所示。

“选点”按钮可以在屏幕上直接点取变坡点，也可以通过键盘修改变坡点的桩号和高程。

“插入”按钮用于通过鼠标点取的方式在屏幕上直接插入(增加)一个变坡点，并且直接从屏幕上获取该变坡点的数据。

“删除”按钮用于删除在屏幕上通过鼠标点取需要删除的变坡点。

凸显的“高程”按钮右侧的编辑框用来直接输入当前变坡点的设计高程。为了使路线纵坡的坡度在设计和施工中便于计算与掌握，系统支持在对话框中直接输入坡度值。单击“高程”按钮，右侧数据框中的变坡点高程值会转换为前(或后)纵坡度，可输入该变坡点前后纵坡的坡度值。

纵断面设计中具有网格线显示功能，如图 2-44 所示。设计人员可在“控制”选项中设置网格的竖向高程间距和横向桩号间距，拉坡时可以直观看到中桩填、挖高度和距离，从而方便设计人员快速确定坡度，提高纵断面设计的工作效率。纬地道路 CAD 系统采用 CAD 核心的栅格方式显示地面线网格线，该方式在未增加拉坡图形数据量的前提下，实现了地面线网格线实时控制和显示(栅格的开关来控制网格的显示与否)，不对 CAD 运行速度造成影响。

(3)竖曲线设计。选择了变坡点后，开始进行竖曲线设计。单击纵断面设计对话框“计算模式”右侧的三角形，如图 2-45 所示，选择竖曲线的设置模式。根据不同的计算模式输入相应数据。单击“计算”按钮，完成竖曲线半径的设置。

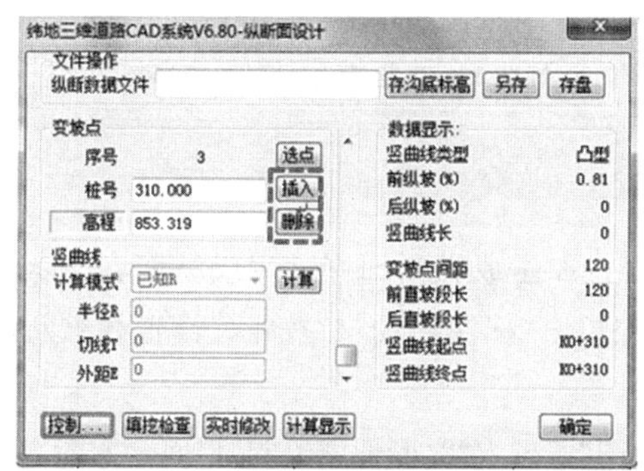

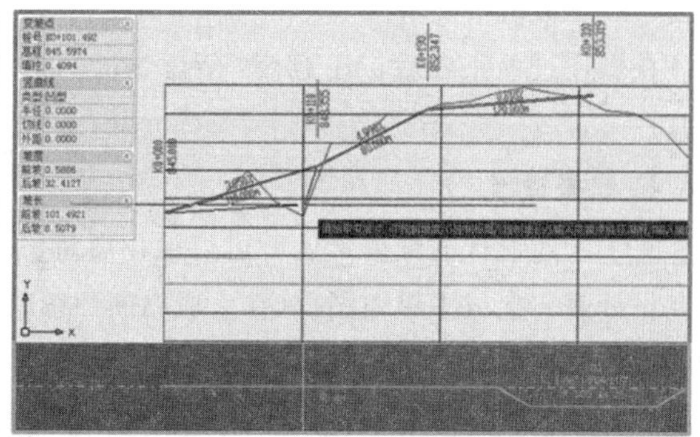

图 2-44　变坡点设置示意

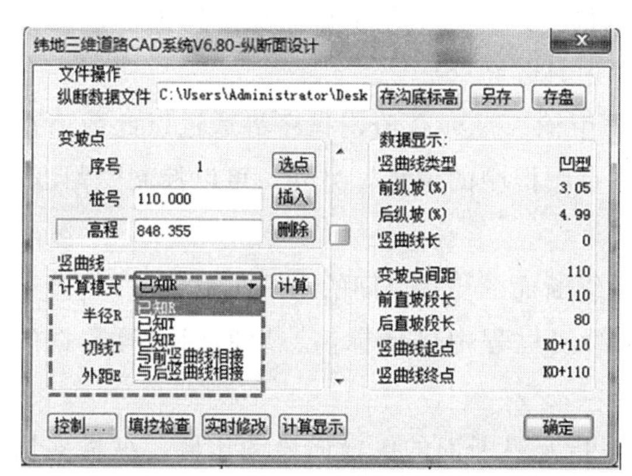

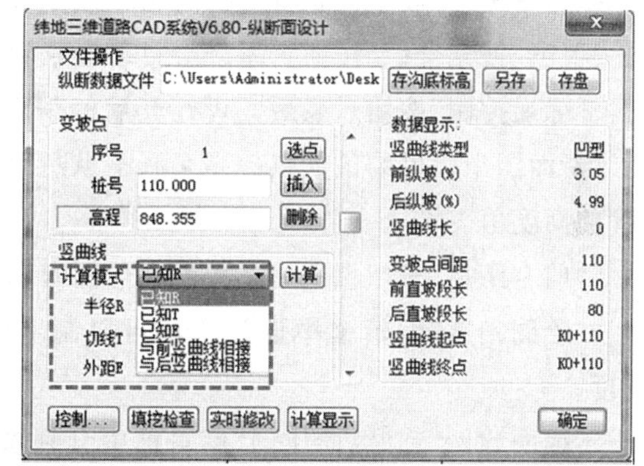

图 2-45　竖曲线设置示意

在“竖曲线”中的“计算模式”包含五种模式，即常规的“已知 R”(竖曲线半径)控制模式、“已知 T”(切线长度)控制模式、“已知 E”(竖曲线外距)控制模式，以及与前(或后)竖曲线相接的控制模式，以达到不同的设计计算要求。

“数据显示”中显示了与当前变坡点有关的其他数据信息，以供随时参考、控制。

“水平控制线标高”中设计人员可编辑修改用于拉坡设计时作为参考的水平标高控制线(其默认标高为纵断面地面线的最大标高)。

“确定”按钮完成对对话框中数据的记忆后隐去对话框。

“计算显示”按钮用于重新全程计算所有变坡点，并将计算结果显示于对话框中；同时完成对拉坡图中纵断面设计线的自动刷新功能。

“实时修改”按钮是纵断面设计功能的重点，首先提示“请选择变坡点/P 坡段:”，如果需要修改变坡点，可在目标变坡点圆圈之内单击鼠标左键，系统提示请设计人员选择“修改方式：沿前坡(F)/后坡(B)/水平(H)/垂直(V)/半径(R)/切线(T)/外距(E)/自由(Z):”。设计人员输入不同的控制键(字母)后，可分别对变坡点进行沿前坡(F)、后坡(B)、水平(H)、垂直(V)等方式的实时移动和对竖曲线半径(R)、切线长(T)，以及外距(E)等的控制性动态拖动。该命令默认的修改方式是对变坡点的自由(Z)拖动。这里系统仍然支持“S”“L”键对鼠标拖动步长的缩小与放大功能。如果需要将变坡点的桩号或某一纵坡坡度设定到整数值或固定值，可以通过实时拖动、直接修改对话框中变坡点的数据或直接指定变坡点的前、后纵坡值来实现。

在操作过程完成后，注意用“存盘”或“另存”命令对纵断面变坡点及竖曲线数据进行存盘。

4. 成果输出

有了上述设计的结果文件就可以输出各种图表，如生成纵断面图、生成纵坡表、生成路基设计表、生成平纵缩图等(在生成纵断面图时先单击“标注栏设定”按钮，设置好纵断面图的标注栏内容及顺序)。

(1)路线纵断面图绘制。执行“设计”→“纵断面绘图”，进入“纵断面图绘制”界面，如图 2-46 所示。

“起始桩号:”和“终止桩号:”编辑框用于输入设计人员需绘制的纵断面图的桩号区间范围。单击“搜索全线”按钮，系统会自动搜索到本项目起终点桩号。

“标尺控制”按钮点亮后，可在其后的编辑框中输入一标高值，程序将通过以此数值作为纵断面图中标尺的最低点标高来调整纵断面图在图框中的位置，另外，可以控制“标尺高度”的高度值。

“前空距离”按钮点亮后，控制在绘图时调整纵断面图与标尺间的水平向距离。

“绘图精度”编辑框中设计人员可以制定在绘图过程中设计标高、地面标高等数据的精度。

“横向比例”和“纵向比例”编辑框中分别输入指定纵断面的纵横向绘图比例。纵横向比例可以任意调整，从而方便绘制路线平纵面缩图。

“确定”按钮可完成对话框数据的记忆功能。

“区间绘图”按钮用于设计人员输入范围的连续纵断面图绘制，主要包括读取变坡点及竖曲线，进行纵断面计算，绘制设计线；读取纵断面地面线数据文件，绘制地面线；读取超高过渡文件，绘制超高渐变图；读取平面线形数据文件，绘制平曲线；将位于绘图范围内的地面线文件中的一系列桩号及其地面标高、设计标高标注于图中；将设计参数控制文件中 qhsj. dat 项及 hdsj. dat 项所列出的桥梁、分离立交、天桥、涵洞、通道包括水准点等数据标注于纵断面图中。

“批量绘图”按钮用于自动分页绘制纵断面设计图。当所有设置均调整好以后，单击“批量绘图”按钮，系统根据设计人员的设置，自动分页批量输出所有纵断面图。

“绘图栏目选择”中的一系列按钮分别控制纵断面图中诸多元素的取舍和排放次序，如地质概况、里程桩号、设计高程、地面高程、直曲线、超高过渡、纵坡、竖曲线等，如图 2-47 所示。“构造物标注”控制是否标注桥梁、涵洞、隧道和水准点等构造物，设计人员可以根据自己的需要进行控制。

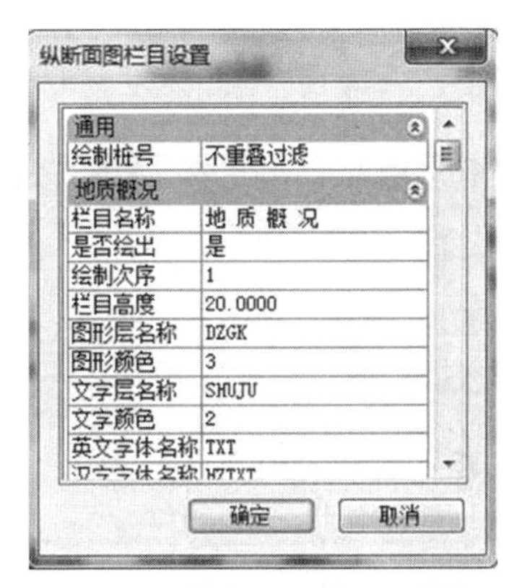

图 2-46　纵断面图绘制示意　　　图 2-47　纵断面图栏目设置图

(2)输出竖曲线表。执行菜单“表格”→“输出竖曲线表”命令，进入竖曲线输出界面，如图 2-48 所示。选择表格输出方式，输出纵坡竖曲线表，通常选择采用 Excel 格式输出竖曲线表。

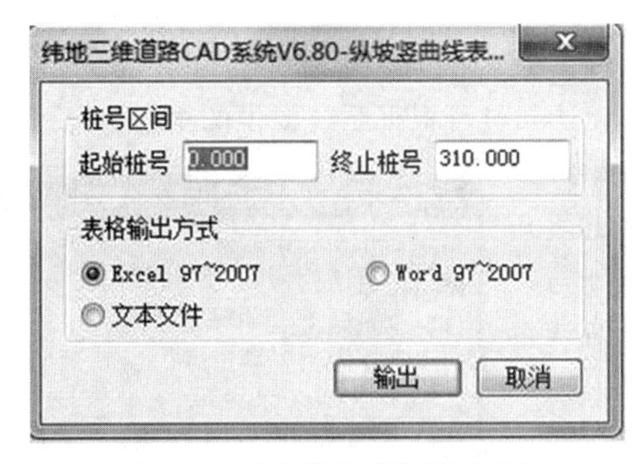

图 2-48　输出竖曲线表界面示意

视频：纬地软件
纵断面设计操作演示

(二)横断面设计

利用纬地道路软件设计横断面的步骤进行横断面地面数据输入、路基设计计算、横断面设计、横断面修改、横断面重新分图、成果输出。

1. 横断面地面线数据输入

(1)执行“数据”→“横断面数据输入”命令，进入“添加数据桩号提示”界面，如图 2-49 所示。

如果已经输入了纵断面地面线数据，则应该选择“按纵断面地面线文件提示桩号”，这种提示方式可以避免出现纵、横断面数据不匹配的情况；否则选择“按桩号间距提示桩号”，并在“桩号间距”编辑框中输入桩距。

(2)单击桩号提示对话框中的“确定”按钮，进入横断面地面线数据输入工具，如图 2-50 所示。横断面地面线输入界面中，每三行为一组，分别为桩号、左侧数据、右侧数据。

(3)在确认或输入桩号后按回车键，鼠标光标自动跳至第二行，开始输入左侧数据。每组数据包括两项，即平距和高差，这里的平距和高差既可以是相对前点的，也可以是相对中桩的(输入完成后，可通过“导入其他横断数据格式”中的“相对中桩→相对前点”转化为纬地使用的相对前点的数据)。左侧输入完毕后，直接按两次回车键，鼠标光标便跳至第三行，如此循环输入。

(4)输入完成后，单击“存盘”按钮保存数据，系统自动将该文件添加到项目管理器中。

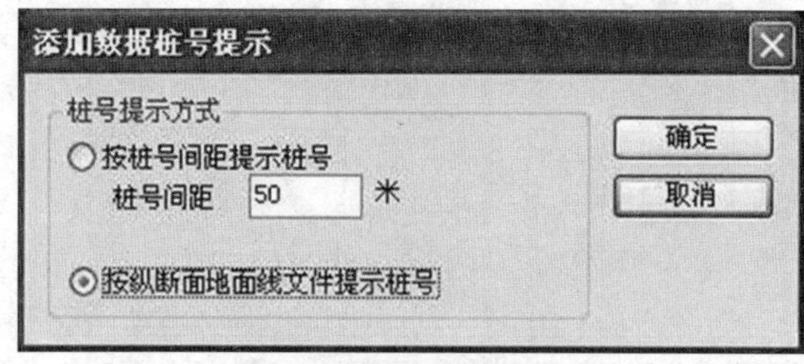

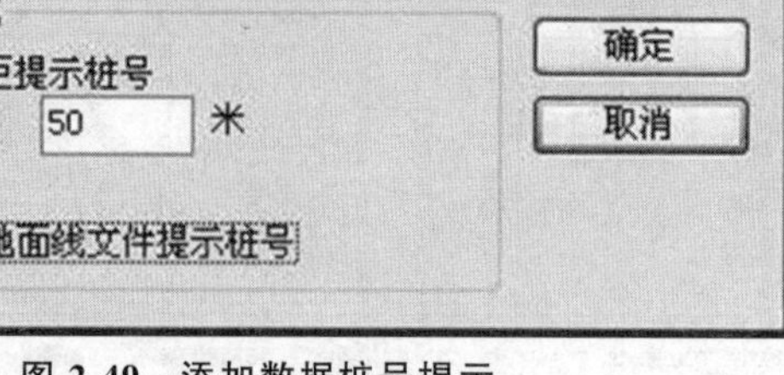

图 2-49 添加数据桩号提示

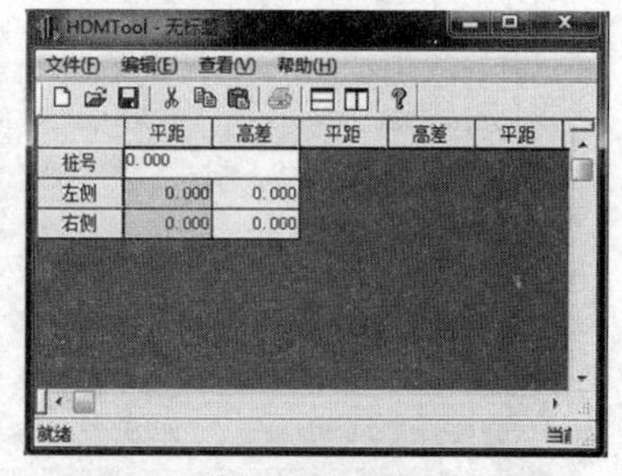

图 2-50 横断面地面线数据输入

当然，横断面地面线数据也可以使用写字板、edit、Word 及 Excel 等文本编辑器编辑修改，然后在项目管理器中添加横断面地面线数据文件。但应注意数据的格式为纬地要求的横断面地面线格式，并且存盘时必须保存为纯文本格式。

2. 路基设计计算

检查地面线是否有错，如平距、高差是否成对，纵横是否配合等。如有错误，系统会自动提示，并报告错误发生在何处。设计人员可根据系统提供的报告信息进行修改。

执行“设计”→“路基设计计算”命令，进入“路基设计计算”界面，如图 2-51 所示，在项目管理中检查当前项目的超高与加宽文件以及其他设置是否正确，确认后，单击“计算”按钮来完成路基计算。

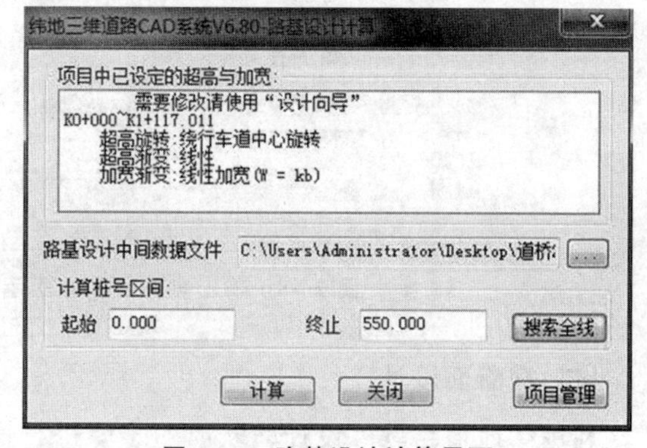

图 2-51 路基设计计算界面

值得注意的是，如果项目中已经存在路基设计数据文件，系统会提示询问是覆盖文件或在原文件后追加数据，一般情况下，如果没有分段计算时，应该选择覆盖原来的数据；每次修改了设计项目的类型、超高旋转位置与方式、加宽类型与加宽方式、超高和加宽过渡段等内容之后，必须重新进行路基设计计算。

3. 横断面设计

执行“设计”→“横断面设计绘图”命令，进入“横断面设计绘图”界面，如图 2-52 所示，主要包括设计控制、土方控制、绘图控制三个部分内容。

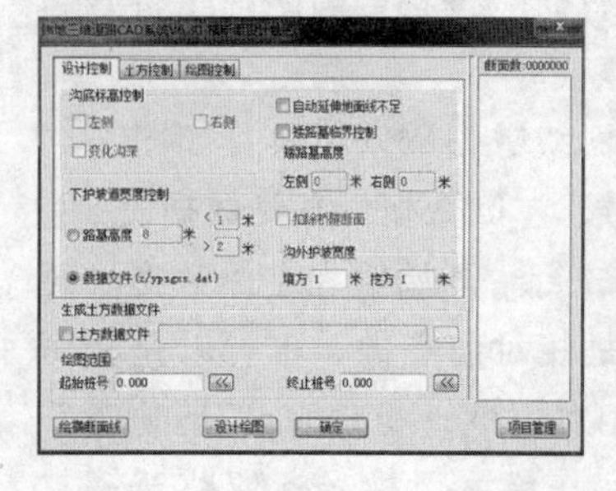
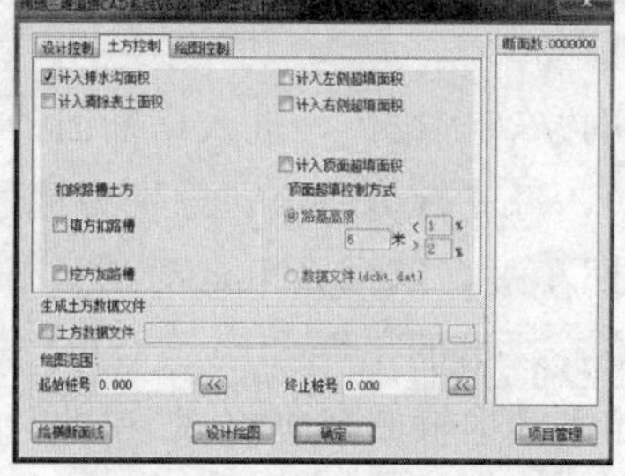
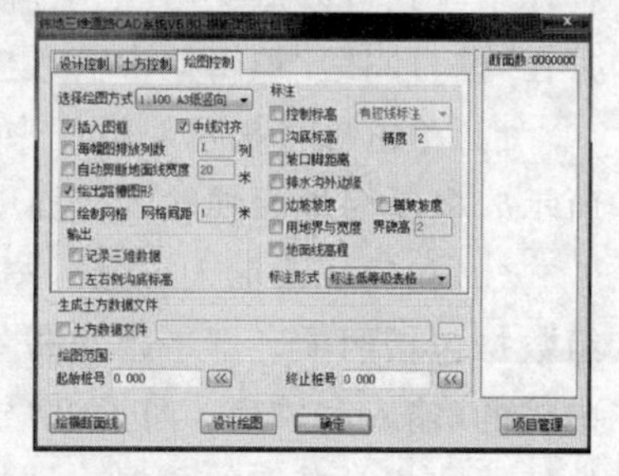

图 2-52 横断面设计绘图

(1)设计控制。

1)自动延伸地面线不足。控制当断面两侧地面线测量宽度较窄，戴帽子时边坡线不能与地面线相交，系统可自动按地面线最外侧的一段的坡度延伸，直到戴帽子成功(当地面线最外侧坡度垂直时除外)。

2)左右侧沟底标高控制。如果已经在项目管理器中添加了左右侧沟底标高设计数据文件，那么“沟底标高控制”中的“左侧”和“右侧”控制将会亮显，设计时，可以分别设定在路基左右侧横断面设计时是否进行沟底标高控制，并可选择变化沟深或固定沟深。

3)下护坡道宽度控制。主要用于控制高等级公路项目填方断面下护坡道的宽度变化，其控制支持两种方式，一是根据路基填土高度控制，即设计人员可以指定当路基高度大于某一数值时下护坡道宽度和小于这一数值时下护坡道宽度；二是根据设计控制参数文件中左右侧排水沟形式(zpsgxs. dat 和 ypsgxs. dat)中的具体数据控制，一般当排水沟控制的第一组数据的坡度数值为 0 时，系统会自动将其识别为下护坡道控制数据。如果选择了第一种路基高度控制方式，系统将自动忽略 zpsgxs. dat 和 ypsgxs. dat 中出现的下护坡道控制数据(如果存在，其后的排水沟形式不受影响)。

4)矮路基临界控制。选择此项后，需要输入左右侧填方路基的一个临界高度数值(一般约为边沟的深度)，用以控制当路基边缘填方高度小于临界高度时，直接设计边沟，而不先按填方放坡之后再设计排水沟。

5)扣除桥隧断面。选择此项后，桥隧桩号范围内将不绘出横断面。

6)沟外护坡宽度。此项用来控制戴帽子时排水沟(或边沟)的外缘平台宽度，可以分别设置沟外护坡平台位于填方或挖方区域的宽度。系统首先将沟外侧边坡顺坡延长 1 倍沟深判断与地面是否相交。如果延长后沟外侧深度大于设计沟深的 0.5 倍或小于设计沟深的2 倍时，设计线则直接沿沟外侧坡度与地面线相交；反之则按原设计边沟尺寸绘图，并在沟外生成护坡平台(按指定的宽度)，系统继续判断平台外侧填、挖，并按照控制参数文件中填、挖方边坡第一段非平坡坡度(即坡度不为 0 的坡度)开始放坡交于地面线。

(2)土方控制。

1)计入排水沟面积。计算横断面的挖方面积时是否计入排水沟的土方面积。

2)计入清除表土面积。横断面的面积中是否计入清除表土面积。清除表土的具体分段数据、宽度及厚度由控制参数文件中的数据来控制。

3)计入左右侧超填面积。横断面面积计算中是否计入填方路基左右侧超宽填筑部分的土方面积。左右侧超填的具体分段数据和宽度见设计参数控制文件。

4)计入顶面超填面积。主要用于某些路基沉降较为严重，需要在路基土方中考虑因地基沉降而引起的土方数量增加的项目。顶面超填也可分为“路基高度”和“文件控制”两种方式。路基高度控制方式，即按路基高度大于或小于某一指定临界高度分别考虑顶面超填的厚度(以路基高度的百分数表示)。

5)扣除路槽土方。横断面面积中是否扣除路槽部分土方面积。可以选择对于填方段落是否扣除路槽面积和挖方段落是否加上路槽面积。路基各个不同部分(行车道、硬路肩、土路肩)路槽的深度在控制参数数据中确定。

(3)绘图控制。

1)选择绘图方式。根据不同设计单位的设计文件格式及其他需要，可以选择不同的绘图方式及绘图比例。其中，“自由绘图”一般用于横断面设计检查和为路基支挡工程设计时提供参考的情况，在仅需要土方数据或横断面三维数据等情况下，采用“不绘出图形”方式。

2)插入图框。在横断面设计绘图时是否自动插入图框，图框模板为 HintCAD 安装目录下的“Tk_hdmt.dwg”文件，也可以根据项目需要修改图框内容。

3)中线对齐。在横断面绘图时是否以中线对齐的方式来对齐，默认方式是以图形居中的方式排列。

4)每幅图排放列数。指定每幅横断面图中横断面排放的列数，一般适用于低等级公路横断面宽度较窄的情况。

5)自动剪断地面线宽度。在横断面绘图时，根据指定的宽度将地面线左右水平距离超出此宽度的多余部分裁掉，保持图面的整齐。当设计边坡后的坡脚到中线的宽度大于此宽度时，系统将保留设计线及其以外一定的地面线长度。

6)绘制出路槽图形。在横断面绘图时是否绘制出路槽部分图形。

7)绘制网格。在横断面设计绘图时是否绘制出方格网，需要绘制方格网时，可以指定格网的大小。

8)标注部分。根据需要选择在横断面图中标注不同的内容，包括路面上控制点标高及标注形式、沟底标高及精度控制、坡口坡脚距离和高程、排水沟外缘距离和标高、边坡坡度、横坡坡度、用地界与用地宽度，以及横断地面线每个折点的高程等。每个横断面的断面数据的标注可以选择“标注低等级表格”“标注高等级表格”和“标注数据”三种方式。

9)输出相关数据成果部分。在横断面设计绘图时，选择输出横断面设计“三维数据”和路基的“左右侧沟底标高”。其中，“三维数据”用于结合数模数据建立公路三维模型；“左右侧沟底标高”数据输出的临时文件为 HintCAD 安装目录下的“\Lst\zgdbg.tmp”和“\Lst\ygdbg.tmp”文件，可以为公路的边沟、排水沟沟底纵坡设计提供地面线参考，利用 HintCAD 的纵断面设计功能进行边沟或排水沟的设计，完成后选择保存为“存沟底标高”，再次进行横断面设计，并按沟底纵坡控制模式重新进行横断面设计。

以上设计控制、土方控制、绘图控制三个内容完成后，选择是否需要生成土方数据文件，如果选择生成土方数据文件，需要指定数据文件名称和路径。然后从右侧显示的断面桩号列表中选择起点桩号，单击"起始桩号"编辑框后的《按钮；选择终点桩号，单击“终止桩号”编辑框后的《按钮，完成绘图范围的指定。

完成以上步骤后，单击页面下方的“设计绘图”，开始进行横断面设计和绘图。

4. 横断面修改

因地形和地质条件的复杂多变，难免会有一些不合实际的设计断面出现，需要设计者进行修改。纬地提供了基于 AutoCAD 图形界面的横断面修改功能，操作步骤如下。

(1)打开或用“横断面设计绘图”功能生成横断面图；

(2)在 AutoCAD 中，将横断面图中的“sjx”图层设置为当前层；

(3)用 AutoCAD 的“explode”命令炸开整条连续的设计线，并对其进行修改；

(4)在完成修改后执行“设计”→“横断面修改”命令，按照提示点选修改过设计线的横断面图中心线，系统开始重新搜索修改后的设计线并计算填挖方面积、坡口坡脚距离以及用地界等，同时弹出“横断面修改”对话框，如图 2-53 所示；

(5)根据“横断面修改”对话框中各个选项的内容，修改完成后单击“修改”按钮，系统刷新项目中土方数据文件 *.TF 里该断面的所有信息和横断面图形，实现数据和图形的联动。

横断面修改应注意以下几点。

(1)修改横断面设计线一定要在设计线图层("sjx")上进行，不要将与设计线无关的文字、图形绘制到设计线图层中，以免影响系统对设计线数据的快速搜索计算。

(2)修改后的设计线必须是连续的，且与地面线相交，否则无法完成横断面修改。

(3)截水沟也在设计线图层上修改，系统不将截水沟的土方计入断面面积中，但会自动将用地界计算到截水沟以外。

图 2-53　横断面修改

(4)横断面修改功能所搜索得到的填、挖方面积只是纯粹的设计线与地面线相交所得到的面积，并未考虑路槽、清表等。

5. 横断面重新分图

修改完个别横断面后，横断面的大小可能发生了改变，为了保证最终生成的横断面图整齐美观，需要重新调整排列横断面在图框中的位置。"横断面重新分图"功能可以解决横断面自动排版分图的问题。

(1)在所有横断面修改完并最终确定后，执行"设计"→"横断面重新分图"命令，弹出"横断面重新分图"对话框。

(2)单击"横断面重新分图"对话框中的"设置"选项，切换到设置界面。在设置界面内完成有关的绘图设置(设置的内容与前面的横断面设计对话框中的"绘图控制"相同)。

(3)分图参数设置完成后，单击"横断面"选项，切换到横断面桩号列表栏，选择分图范围。此时系统默认所有桩号全部选中，桩号列表显示为蓝色，使用鼠标右键菜单的"全选"命令来选择全部桩号进行分图，还可以使用"Shift"键选择桩号列表中某一区间范围的桩号重新分图。

(4)重新分图的桩号范围选定后，单击鼠标右键，选择"分图"命令，并根据 AutoCAD 命令行提示"选取绘图起点"，在图形屏幕上点选绘图起点位置，系统在当前位置开始对所选范围桩号范围的横断面全部重新分幅排列。

6. 设计成果输出

(1)输出路基设计表。路基设计表是公路设计文件中的主要技术文件之一，它是综合路线平、纵、横设计资料汇编而成的，在表中填有公路平面线形、纵断面设计资料及路基加宽、超高等数据。它是路基横断面设计的基本依据，也是施工放样、检查校核及竣工验收的依据。

1)执行菜单"表格"→"输出路基设计表"命令，弹出如图 2-54 所示的对话框。选择路基设计"输出方式"。一般情况下，建议使用"CAD 图形(模型空间)"的输出方式。

2)设置路基设计表中是否标注"高程"值和输出高程或高差值时小数点后保留的小数位数。不选择的情况下，输出横断面上各高程点与设计高之高差。

3)输入“绘图区间”的起始桩号和终止桩号。单击“计算输出”按钮，在当前图形的模型空间或布局窗口中自动分页输出路基设计表。

(2)输出路基土石方数量表。

1)执行“表格”→“输出土方计算表”命令，进入土石方计算表输出界面，如图 2-55 所示。

2)选择“计算模式”。若选择“每公里表”选项，在土石方计算表输出时会每千米作一次断开，便于查询统计每千米土石方计算表。

3)输入土方和石方的“松方系数”。松方系数是指压实方与自然方之间的换算系数。

4)选择“计算控制”。可以选择在输出土石方计算表时是否扣除大中桥、隧道的土方数量，本桩填方是否利用本桩挖方中的石方。

5)选择“输出方式”。选择土石方计算表为 Word 格式还是 Excel 格式。

6)单击“计算输出”按钮，输出路基土石方数量计算表。

需要注意的是，输出路基土石方数量表之前，需要在控制参数输入中分段输入土石分类比例。

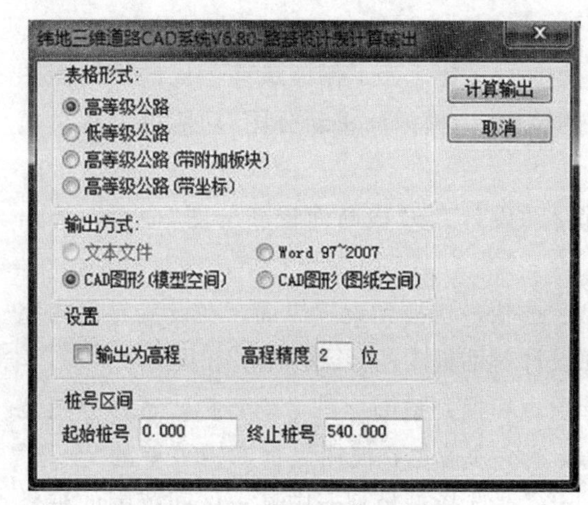

图 2-54 输出路基设计表

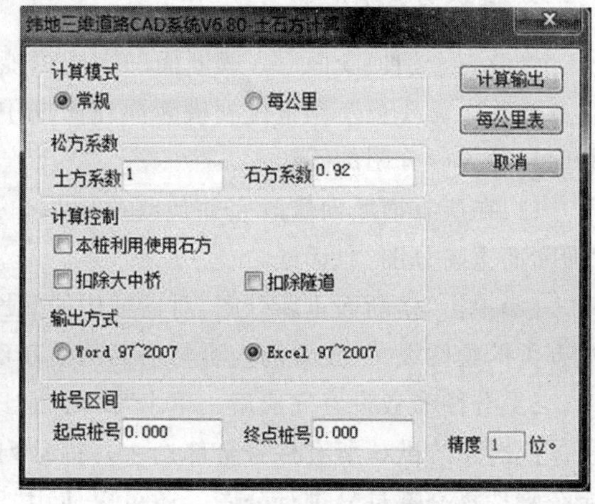

图 2-55 土石方计算

(3)输出路基横断面图。横断面图的输出与横断面设计界面相同。横断面图中各个断面的排列顺序是按里程从左向右、从下到上排列，每个断面图上一般需要标明桩号、左右路基宽度、中桩填挖高、填挖面积等。

若采用的是海地道路设计软件，请通过扫描右侧的图文二维码，查阅海地软件纵横面设计方法。

视频：纬地软件横断面设计操作演示

【注意事项】

(1)一般将纵断面地面线数据文件和横断面地面线数据文件的终点桩号设定为略小于路线平面终点桩号，这样可以消除横断面最后一个桩号不予处理等问题。如路线平面终点桩号为 K45＋238.758(因桩号最后一位数字为四舍五入所得，实际可能不存在此桩号)，可将纵断面地面线数据文件和横断面地面线数据文件的终点桩号设定为 K45＋238.757，这样可以消除最后一个桩号不予处理等问题。

图文：海地道路软件纵横断面设计

(2)横断面设计时，输入横断面地面线前必须选择地面线的形式。

(3)完成横断面设计后，应与现场核对，不允许出现横断左、右侧方向颠倒的现象。

【成果要求】

(1)以小组为单位，利用软件生成路线纵断面设计图、纵坡竖曲线表等。

(2)以小组为单位，利用软件生成路基横断面设计图、路基设计表、路基土石方数量计算表等。

【主题讨论】

视频：大国工匠事迹

阅读以下思政素材，扫码观看2021年“大国工匠年度人物”陈兆海事迹的视频。谈谈我们新时代测量人员如何传承与弘扬精益求精的工匠精神。

陈兆海，中交第一航务工程局第三工程有限公司首席技能专家。自1995年参加工作以来，先后参建了我国首座30万吨级矿石码头——大连港30万吨级矿石码头工程；我国首座航母船坞——大船重工香炉礁新建船坞工程；国内最长船坞——中远大连造船项目1号船坞工程；我国首座双层地锚式悬索桥——星海湾跨海大桥工程，以及大连湾海底隧道和光明路延伸工程等。

陈兆海二十七年如一日地追求着测量精准的极致化，靠着钻研和磨砺，凭着专注和坚守，刷新了一个又一个的测量行业传奇。

颁奖词评价道：“他执着专注、勇于创新，练就了一双慧眼和一双巧手，以追求极致的匠人匠心，为大国工程建设保驾护航。”

一个动作十年功。工程建设，测量先行。在我国北方寒冷水域建设的首条沉管隧道大连湾海底隧道工程中，面对变化莫测的海底世界，一个测量点的微小偏差，都可能引发连锁反应，导致无法估量的损失。陈兆海时刻要求自己，每次读取的数据，要做到比仪器更加精准，“那个卡尺对仪器的观测，它(精度)只能是厘米，那么毫米这一块需要我们自己估读出来，怎么把这个毫米能估读得准确，这个基本功我就练习了十年”。“这十年，可能因为我这个闭眼只会闭左眼，导致左眼要比右眼小一些”。对待测量数据，一丝不苟、近乎执拗，让陈兆海成为业界公认的技术大拿。

一枚水坨“定乾坤”。在建设我国首座30万吨级矿石码头时，由于施工海域海况极为复杂，先进的测量设备频频出现误差，整个工程都被迫停滞。陈兆海冥思苦想，最终想起老师傅曾教过他的一个传统手工测量法——打水坨。在平稳水域，打水坨都是一个高难度的技术活，而在水流湍急、情况复杂又深达三十多米的施工海域，其艰难程度可想而知。为了获取精确数据，又防止水坨被海水冲走，陈兆海特意打造了一只四十多斤重的水坨，一边抛入水中，一边跟着小跑，在跑动中抓取，只有两三秒的读数时机，为了练就这门功夫，陈兆海就吃住在海上，举着四十多斤重的铁疙瘩，反复练习，两万多平方米的码头，八个多月的漫长施工期，陈兆海每天坚持抛提水坨数百次，胳膊累得发麻依旧咬牙坚持，最终将上万个点位的测量精度，都成功锁定在厘米级，呵护着超级工程在蔚蓝海域徐徐铺展。用他自己的话说，“每一个工程都是我们测量一点一线累积出来的，每个点的完美才能形成天衣无缝的效果。”

致敬大国工匠！致敬辛勤奋斗的工程人！

附表 道路勘测实训记录计算样表

样表 2-1 直线、曲线及转角一览表

交点号	交点坐标/m		交点桩号	转角	曲线要素/m					
	X	Y			R	L_s	T_H	L_H	E_H	D_H
1	2	3	4	5	6	7	8	9	10	11
QD	1 000	1 000	K0+000							
JD1	994.332	889.529	K0+110.616	85°11′02″(Z)	50	40	67.077	114.337	19.718	19.817
JD2	667.239	878.798	K0+418.068	89°43′14″(Z)	40	30	55.664	92.637	17.747	18.69
JD4	653.114	1 253.541	K0+774.387	89°35′04″(Z)	88.634	70	125.087	208.584	39.489	41.59
JD5	862.495	1 262.954	K0+942.390	56°26′54″(Z)	110	50	84.506	158.373	15.916	10.638
ZD	951.715	1 140.718	K1+083.085							

曲线主点桩桩号					直线长度及方向			测量断链		备注
ZH	HY	QZ	YH	HZ	直线长度/m	交点间距/m	方位角	桩号	增减长度/m	
12	13	14	15	16	17	18	19	20	21	22
					43.539	110.616	267°03′46″			
K0+043.539	K0+083.539	K0+100.708	K0+117.876	K0+157.876	204.529	327.269	181°52′44″			
K0+362.405	K0+392.405	K0+408.723	K0+425.042	K0+455.042	194.259	375.009	92°09′31″			
K0+649.300	K0+719.300	K0+753.592	K0+787.884	K0+857.884	0.000	209.592	2°34′27″			
K0+857.884	K0+907.884	K0+937.071	K0+966.257	K1+016.257	66.828	151.334	306°07′32″			

计算： 复核：

说明：本实训项目路线交点采用了地形测绘项目中的导线点，样表中 JD3 由于转角太小，故将 JD2、JD4 连成直线。

样表 2-2　逐桩坐标表

桩号	坐标/m		桩号	坐标/m	
	X	Y		X	Y
K0+000	1 000.000	1 000.000	K0+380	705.291	880.802
K0+020	998.975	980.026	K0+392.405	693.186	883.364
K0+040	997.950	960.053	K0+400	686.315	886.574
K0+043.539	997.769	956.518	K0+408.723	679.338	891.781
K0+060	996.555	940.105	K0+420	672.274	900.523
K0+080	991.919	920.711	K0+425.042	669.966	905.002
K0+083.539	990.486	917.475	K0+440	666.180	919.422
K0+100	981.020	904.099	K0+455.042	665.142	934.422
K0+100.708	980.519	903.600	K0+460	664.956	939.377
K0+117.876	966.462	893.890	K0+480	664.202	959.363
K0+120	964.516	893.040	K0+500	663.449	979.349
K0+140	945.131	888.391	K0+520	662.696	999.334
K0+157.876	927.291	887.330	K0+540	661.942	1 019.320
K0+160	925.169	887.260	K0+560	661.189	1 039.306
K0+180	905.179	886.604	K0+580	660.436	1 059.292
K0+200	885.190	885.948	K0+600	659.682	1 079.278
K0+220	865.201	885.293	K0+620	658.929	1 099.263
K0+240	845.212	884.637	K0+640	658.176	1 119.249
K0+260	825.222	883.981	K0+649.300	657.825	1 128.543
K0+280	805.233	883.325	K0+660	657.455	1 139.236
K0+300	785.244	882.669	K0+680	657.446	1 159.232
K0+320	765.255	882.014	K0+700	659.412	1 179.121
K0+340	745.265	881.358	K0+719.300	664.335	1 197.754
K0+360	725.276	880.702	K0+720	664.582	1 198.408
K0+362.405	722.873	880.623	K0+740	673.761	1 216.129

计算：　　　　　　　　　　　　　　　　　　　　复核：

样表 2-3　切线支距法详细测设平曲线记录计算表

仪器型号：ZT20 Pro　　放样日期：11.9　　天气：晴　　计算：　　复核：　　放样：

交点号	JD1		交点桩号		K0＋110.616	
曲线要素	$\alpha_z=85°11'02''$　$R=50$ m　$L_s=40$ m　$x_0=39.364$ m　$y_0=5.273$ m $\delta_0=7°37'45''$　$p=1.326$ m　$q=19.893$ m $T_H=67.077$ m　$L_H=114.337$ m　$E_H=19.718$ m　$D_H=19.817$ m					
主点桩号	ZH：K0＋043.539　HY：K0＋083.539　QZ：K0＋100.708　YH：K0＋117.876 HZ：K0＋157.876					
各中桩的测设数据	测段	桩号	曲线长	x	y	备注
	ZH～HY	ZH　K0＋043.539	0	0	0	以 ZH 为坐标原点
		＋050	6.461	6.460	0.022	
		＋060	16.461	16.453	0.372	
		＋070	26.461	26.379	1.540	
		＋080	36.461	36.058	4.007	
		HY　K0＋083.539	40.000	39.364	5.273	
	HY～QZ	＋090	46.461	45.136	8.165	
		QZ　K0＋100.708	57.169	53.732	14.516	
	QZ～YH	＋110	47.876	46.348	8.898	以 HZ 为坐标原点
	YH～HZ	YH　K0＋117.876	40.000	39.360	5.272	
		＋120	37.876	37.389	4.487	
		＋130	27.876	27.771	1.800	
		＋140	17.876	17.865	0.476	
		＋150	7.876	7.876	0.041	
		HZ　K0＋157.876	0	0	0	
测设方法	测设草图			测设方法		
				1. 从 ZH 点用皮尺沿切线方向量取 P_1 点的横坐标 x_1，得垂足 N_1。将皮尺零点置于 ZH 点，皮尺上刻度为 $c_1+y_1(c_1=\sqrt{x_1^2+y_1^2})$ 的一端置于 N_1 点，在皮尺上找弦长 c_1 的刻度，用花杆或测钎拉紧皮尺两端，则花杆或测钎垂直所对的地面点即为 P_1 点。 2. 再从 N_1 点沿切线长向 JD 量取 x_2-x_1 得垂足 N_2。将皮尺零点置于 P_1 点，皮尺上刻度为 c_2+y_2 的一端置于 N_2 点，在皮尺上找弦长 c_2 的刻度，用花杆或测钎拉紧皮尺两端，则花杆或测钎垂直所对的地面点即为 P_2 点。 3. 依此类推，一直测到 QZ 点，与主点测设时的 QZ 点闭合。 4. 曲线的另一半的测设从 HZ 开始，用同样的方法测至 QZ 点，与 QZ 点闭合		

样表 2-4　偏角法详细测设平曲线记录计算表

仪器型号：ZT20 Pro　　放样日期：11.9　　天气：晴　　计算：　　复核：　　放样：

交点号	JD2	交点桩号	K0+418.068

曲线要素	$\alpha_z=89°43'14''$　$R=40$ m　$L_s=30$ m　$x_0=29.518$ m　$y_0=3.712$ m $\delta_0=7°09'12''$　$p=0.933$ m　$q=14.930$ m $T_H=55.664$ m　$L_H=92.637$ m　$E_H=17.747$ m　$D_H=18.690$ m
主点桩号	ZH：K0+362.405　HY：K0+392.405　QZ：K0+408.723　YH：K0+425.042　HZ：K0+455.042

各中桩的测设数据	测段	桩号	曲线长	偏角	水平度盘读数	弦长	备注
	ZH～HY	ZH　K0+362.405	0	0°00′00″	0°00′00″	0	测站点：ZH 起始方向：ZH～JD 起始方向的水平度盘读数：0°00′00″ 弦长为短弦
		+370	7.595	0°27′33″	359°32′27″	7.595	
		+380	17.595	2°27′48″	357°32′12″	10.000	
		HY　K0+392.405	30.000	7°09′12″	352°50′48″	12.404	
	YH～HZ	YH　K0+425.042	30.000	7°09′14″	7°09′14″	4.957	测站点：HZ 起始方向：HZ～JD 起始方向的水平度盘读数：0°00′00″ 弦长为短弦
		+430	25.042	4°59′14″	4°59′14″	10.000	
		+440	15.042	1°48′01″	1°48′01″	10.000	
		+450	5.042	0°12′08″	0°12′08″	5.042	
		HZ　K0+455.042	0	0°00′00″	0°00′00″	0	
	HY～YH	HY　K0+392.405	0	0°00′00″	0°00′00″	0	测站点：HY 起始方向：HY～ZH 起始方向的水平度盘读数：180°+2β_0/3（右转时应为180°−2β_0/3） 弦长为放样中桩至 HY 桩的长弦
		+400	7.595	5°26′22″	354°33′38″	7.584	
		QZ　K0+408.723	16.318	11°41′13″	348°18′47″	16.205	
		+410	17.595	12°36′05″	347°23′55″	17.453	
		+420	27.595	19°45′48″	340°14′12″	27.051	
		YH　K0+425.042	32.637	23°22′28″	336°37′32″	31.739	

测设方法	测设草图	测设方法
	ZH (HZ)　HY (YH)　R　P　b_0　δ_0　δ　β_0　x　y　JD	1. ZH～HY 段，ZH 上安置全站仪(或经纬仪)，盘左瞄准交点(JD)，将水平盘读数配置为 0°00′00″。转动照准部，使水平度盘读数为 360°−δ，然后从 ZH 点开始，沿长弦方向测设弦长 C，定出放样中桩点的位置。 2. YH～HZ 段，HZ 上安置全站仪(或经纬仪)，盘左瞄准交点(JD)，将水平盘读数配置为 0°00′00″。转动照准部，使水平度盘读数为 δ，然后从 HZ 点开始，沿长弦方向测设弦长 C，定出放样中桩点的位置。 3. HY～YH 段，HY 上安置全站仪(或经纬仪)，定出过 HY 的切线方向，然后按照圆曲线偏角法放样中桩

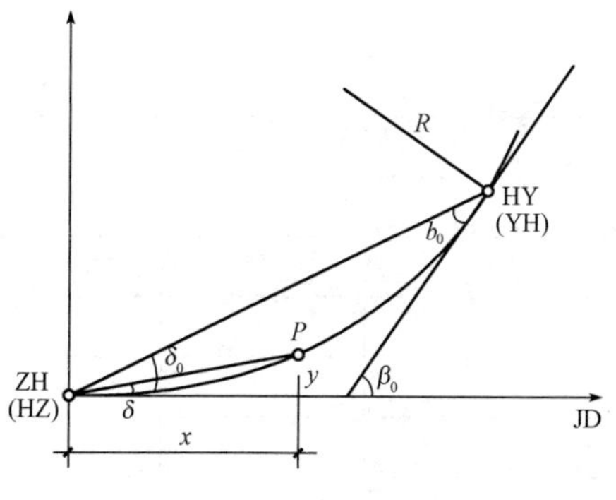

样表 2-5 中桩放样记录表

仪器型号：ZT20 Pro　　放样日期：11.10　　天气：晴　　观测：　　记录：

置仪点编号及坐标	后视点编号及方位角	测点桩号	测点坐标/m		测点方位角/(° ′ ″)	距离/m	备注
			X	Y			
JD4 (653.114, 1 253.541)	JD5 2°34′27″	ZH K0+649.300	657.825	1 128.543	272 09 30	125.087	
		K0+660	657.455	1 139.236	272 10 30	114.387	
		K0+680	657.446	1 159.232	272 37 48	94.408	
		K0+700	659.412	1 179.121	274 50 14	74.686	
		HY K0+719.300	664.335	1 197.754	281 22 22	56.904	
		K0+720	664.582	1 198.408	281 45 01	56.313	
		K0+740	673.761	1 216.129	298 53 37	42.731	
		QZ K0+753.592	682.166	1 226.795	317 22 00	39.489	
		…	…	…	…	…	

样表 2-6　水准点记录表(基平)

仪器型号：DSZ_3　　观测日期：11.10　　天气：晴　　观测：　　记录：

水准点编号	高程/m	位置		备注
		路线中心桩号	说明	
1	2	3	4	5
…	…	…	…	…
BM_2	199.502	K0+100.708	在K0+100.708左侧19.7 m的路面上	水准点位置为测钉顶部中心
…	…	…	…	…

样表 2-7 中平测量记录计算表

仪器型号：DSZ_3 观测日期：11.11 天气：晴 观测： 记录：

桩号或测点编号	水准尺读数/m			视线高程/m	高程/m	备注(校核)
	后视	中视	前视			
BM_1 K0 +000	1.105			201.105	200.000	$h_{中} = \sum a - \sum b = -0.502$ m $h_{基} = H_{BM_2} - H_{BM_1}$ $= -0.498$ m $f_{h容} = \pm 50\sqrt{L}$ mm $= \pm 15$ mm $f_h = h_{中} - h_{基}$ $= -0.004$ m $= -4$ mm $\vert f_h \vert < \vert f_{h容} \vert$
+020		1.194			199.911	
+040		1.284			199.821	
ZH K0 +043.539		1.299			199.806	
+050		1.328			199.777	
+060		1.373			199.732	
+070		1.417			199.688	
+080		1.462			199.643	
HY K0 +083.539		1.477			199.628	
+090		1.506			199.599	
QZ K0+100.708		1.551			199.544	
BM_2			1.607		199.498	
BM_2	1.082			200.584	199.502	$h_{中} = \sum a - \sum b = -1.040$ m $h_{基} = H_{BM_3} - H_{BM_2}$ $= -1.051$ m $f_{h容} = \pm 50\sqrt{L}$ mm $= \pm 22$ mm $f_h = h_{中} - h_{基}$ $= +0.011$ m $= +11$ mm $\vert f_h \vert < \vert f_{h容} \vert$ BM_2 的高程 199.502 m 为基平测量高程
+110		1.115			199.469	
YH K0 +117.876		1.141			199.443	
+120		1.148			199.436	
+130		1.180			199.404	
+140		1.214			199.370	
+150		1.247			199.334	
HZ K0 +157.876		1.273			199.311	
+160		1.280			199.304	
+180		1.346			199.238	
+200		1.411			199.173	
ZD1	0.915		1.418	200.081	199.166	
+220		0.975			199.106	
+240		1.041			199.040	
+260		1.106			198.975	
+280		1.173			198.908	
+300		1.239			198.842	
BM_3			1.619		198.462	

样表 2-8　横断面测量记录表(标杆皮尺法)

仪器型号：花杆　　观测日期：11.12　　天气：晴　　观测：　　记录：

左侧	里程桩号	右侧
$\frac{+0.5}{5.5}$ $\frac{-0.4}{4.5}$	K0+000	$\frac{-0.2}{1.5}$ $\frac{+0.7}{8.5}$
$\frac{+0.5}{5.7}$ $\frac{-0.3}{4.3}$	+020	$\frac{-0.2}{1.7}$ $\frac{+0.6}{8.3}$
$\frac{+0.4}{4.1}$ $\frac{-0.6}{5.9}$	+040	$\frac{+0.5}{2.0}$ $\frac{+0.7}{8.0}$
$\frac{-0.6}{10.0}$	ZH+043.539	$\frac{-0.5}{5.8}$ 楼房
围墙 $\frac{-0.3}{3.2}$	+060	$\frac{-0.4}{2.8}$ $\frac{+0.3}{6.2}$
…	…	…

实训项目三

工程测量员考核强化训练

提示：指导教师参考国家职业技能标准《工程测量员》(职业编码：4-08-03-04)考核的要求，结合知识要求和技能要求进行辅导。

一、高级《工程测量员》理论复习题

(一)填空题

1. 测量仪器长距离迁站时仪器应________。

2. 测量仪器装箱时仪器的制动应松开，使仪器处于________状态。

3. 新购买的测量仪器使用前必须进行________。

4. 仪器配备的电池长时间不用时应每隔________进行一次充放电的维护。

5. 测量仪器经长距离搬运，应进行________后方可使用。

6. 工程测量工作的三要素是角度、距离、________。

7. 地面点的位置通常用________和高程表示。

8. 地面点的测量坐标系统有大地坐标系统、________、平面直角坐标系统。

9. 在高斯平面直角坐标系中，中央子午线的投影为坐标________轴。

10. 以经度L和纬度B来表示点位坐标的方式叫作________。

11. 通过________海水面的水准面称为大地水准面。

12. 水准面是处处与铅垂线________的连续封闭曲面。

13. 地面某点到大地水准面的________称为绝对高程，也称海拔。

14. 两点相对高程之差与两点绝对高程之差________。

15. 微倾式水准仪的构造包括望远镜、________、基座三部分。

16. 在水准测量中，为了进行测站检核，在一个测站要测量两个高差值进行比较，通常采用的测量检核方法是________法和________法。

17. 某站水准测量时，由A点向B点进行测量，测得AB两点之间的高差为0.506 m，且B点水准尺的读数为2.376 m，则A点水准尺的读数为________ m。

18. 在A、B两点之间水准测量的高差值h_{AB}为负值时，表示________点高。

19. 图根水准测量高差闭合差的允许误差为________或$\pm 12\sqrt{n}$。

20. 水准仪的主要轴线有水准管轴、________、竖轴、圆水准器轴。

21. 水准测量时，水准尺未竖直，会造成该水准尺读数比正确读数偏________。

22. 水准仪检验校正的项目有圆水准器的检验校正、________、视准轴的检验校正。

23. 水准测量中用来传递高程的点称为________。

24. 在水准测量中，水准仪安装在两立尺点等距处，可以消除________的误差。

25. 高差闭合差的调整原则是________。

26. 经纬仪是测定角度的仪器，它既能观测________角，又能观测________角。

27. 竖直角有正负之分，俯角为________。

28. 经纬仪的构造包括________、照准部、基座三部分。

29. 经纬仪的水平度盘注记形式是________。

30. 用测回法对某一角度观测 4 测回，第 3 测回零方向的水平度盘读数应配置为________左右。

31. 经纬仪用测回法观测水平角时，某方向上盘左读数和盘右读数的关系应为________。

32. 经纬仪与水准仪十字丝分划板上丝和下丝的作用是测量________。

33. 经纬仪竖盘指标差的计算公式是________。

34. 当经纬仪的望远镜上、下转动时，竖直度盘________。

35. 经纬仪导线的布设形式有闭合导线、________、支导线。

36. 经纬仪满足三轴相互垂直条件时，望远镜围绕横轴旋转，扫出的面应该是________。

37. 根据全站仪坐标测量的原理，在测站点瞄准后视点后，方向值应设置为________至后视点的方位角。

38. GNSS 全球导航卫星系统由空间部分、地面控制部分和________部分组成。

39. GNSS 全球导航卫星系统较为普遍的作业模式主要有静态相对定位和________等。

40. 由________顺时针转到测线的水平夹角为直线的坐标方位角。

41. 钢尺量距方法有________与斜量法。

42. 坐标方位角的取值范围是________。

43. 某直线的方位角与该直线的反方位角相差________。

44. 直线定向的标准方向有真子线方向、磁子午线方向、________。

45. 确定直线方向与基准方向间关系的工作称为________。

46. 当两点距离很长时，超过准确的目测能力，常采用的定线方法是________。

47. 在测量工作中，观测误差按其性质分为________和________误差。

48. 在测量工作中，衡量精度的标准有多种，通常采用中误差、容许误差和________作为评定精度的标准。

49. 偶然误差的特性有________、密集性、对称性、补偿性。

50. 测量误差的来源可归结为三个方面，即外界条件、________和仪器误差。

51. 在等精度观测中，取________作为观测值的最可靠值。

52. 控制测量包括________控制测量和________控制测量。

53. 根据一个已知点的坐标、边的坐标方位角和两点之间的水平距离计算另一个待定点坐标的计算称为________。

54. 导线测量的外业工作是选点、测角、________。

55. 导线测量的内业计算中对测量结果的调整有两项，分别是________和________。

56. 导线全长闭合差的产生，是由于测角和量距中存在误差的缘故，一般用________作为衡量其精度的标准。

57. 附合导线坐标计算基本上与闭合导线坐标相同，但由于附合导线两端与已知点相连，在计算________闭合差和________闭合差上有些不同。

58. 设 A、B 两点的纵坐标分别为 300 m、400 m，则纵坐标增量 $\Delta X_{AB}=$________。

59. 在山区图根控制测量中，高程控制测量常采用________。

60. 地形测绘是测定________和地貌的平面位置和高程，并按比例和图式绘制成图。

61. 1∶2 000 地形图的比例尺精度是________。

62. 地图比例尺常用的两种表示方法是________和________比例尺。

63. 已知某地形图上线段 AB 的长度是 $d_{AB}=0.35$ m，而该长度代表实地水平距离为 $D_{AB}=17.5$ m，则该地形图的比例尺为________。

64. 等高线是地面上________的相邻点连接而成的连续封闭曲线。

65. 在同一幅图内，等高线越密集表示坡度________，等高线越稀疏表示坡度越缓，等高线平距相等表示坡度均匀。

66. 中线加桩分为地形加桩、地物加桩、________、构造物加桩、断链加桩。

67. 转角是路线由一个方向偏转到另一方向时，偏转后方向与原方向的________。

68. 缓和曲线是在直线与圆曲线或半径相差较大的两个转向相同的圆曲线之间，起________作用的平曲线。

69. 某曲线为右偏，已知 HY 点的切线角 $\beta_0=1°08'45''$，现置镜 HY 后视 ZH 点测设圆曲线，若使 HY 点的切线方向为 $0°00'00''$，水平度盘应配置________(望远镜倒转)。

70. 圆曲线的主点有三个，分别是 ZY 点、YZ 点和________点。

71. 已知路线某圆曲线的半径为 R，偏角为 α，则切线长计算式为________。

72. 公路纵断面图的横坐标表示________，比例尺为________，纵坐标表示________，比例尺为________。

73. 公路横断面图的比例尺为________。

74. 施工放样的基本工作是在实地标定角度、距离、________。

(二)选择题

1. 地理坐标分为(　　)。

A. 天文坐标和大地坐标　　B. 天文坐标和参考坐标

C. 参考坐标和大地坐标　　D. 三维坐标和二维坐标

2. A 点的高斯坐标为 $x_A=112\ 240$ m，$y_A=19\ 343\ 800$ m，则 A 点所在 6°带的带号及中央子午线的经度分别为(　　)。

A. 11 带，66°　　B. 11 带，63°　　C. 19 带，117°　　D. 19 带，111°

3. 高斯投影属于(　　)。

A. 等面积投影　　B. 等距离投影　　C. 等角投影　　D. 等长度投影

4. 测量使用的高斯平面直角坐标系与数学使用的笛卡尔坐标系的区别是(　　)。

A. x 与 y 轴互换，第一象限相同，象限逆时针编号

B. x 与 y 轴互换，第一象限相同，象限顺时针编号

C. x 与 y 轴不变，第一象限相同，象限顺时针编号

D. x 与 y 轴不变，第一象限不同，象限逆时针编号

5. 地面点的空间位置是用(　　)来表示的。

A. 地理坐标　　B. 平面直角坐标

C. 平面坐标和高程　　D. 高斯直角坐标

6. 下列选项中不属于基本测量工作范畴的是(　　)。

A. 高差测量　　B. 距离测量　　C. 导线测量　　D. 角度测量

7. 绝对高程的起算面是(　　)。

A. 水平面　　B. 大地水准面　　C. 假定水准面　　D. 水准面

8. 地面点沿(　　)至大地水准面的距离称为该点的绝对高程。

A. 切线　　B. 法线　　C. 铅垂线　　D. 都不是

9. 地面点到大地水准面的铅垂距离称为该点的(　　)。

A. 相对高程　　B. 绝对高程　　C. 高差　　D. 高程

10. 下列选项中，关于中央子午线的说法正确的是(　　)。

A. 中央子午线又叫作起始子午线

B. 中央子午线位于高斯投影带的最边缘

C. 中央子午线通过英国格林尼治天文台

D. 中央子午线经高斯投影无长度变形

11. 下列选项中，关于高斯投影的说法正确的是(　　)。

A. 中央子午线投影为直线，且投影的长度无变形

B. 离中央子午线越远，投影变形越小

C. 经纬线投影后长度无变形

D. 高斯投影为等面积投影

12. 某地高斯坐标 x=331 123.110，y=20 523 421.541，那么该地处在该分带中央子午线的(　　)。

A. 东侧　　B. 西侧　　C. 南侧　　D. 北侧

13. 从测量平面直角坐标系的规定可知(　　)。

A. 象限与数学坐标象限编号顺序方向一致　　B. x 轴为纵坐标轴，y 轴为横坐标轴

C. 东西方向为 x 轴，南北方向为 y 轴　　D. 大地平面坐标系与数学坐标系一致

14. 在测量直角坐标系中，横轴为(　　)。

A. x 轴，向东为正　　B. y 轴，向北为正

C. y 轴，向东为正　　D. x 轴，向北为正

15. 对高程测量，用水平面代替水准面的限度是(　　)。

A. 在以 10 km 为半径的范围内可以代替　　B. 不论多大距离都可代替

C. 在以 20 km 为半径的范围内可以代替　　D. 不能代替

16. 水准仪的主要作用是(　　)。

A. 测量点的平面位置　　B. 测量高程

C. 测量角度　　D. 测量高差

17. 在水准测量中转点的作用是传递(　　)。

A. 方向　　B. 高程　　C. 距离　　D. 高差

18. 圆水准器轴是圆水准器内壁圆弧零点的(　　)。

A. 切线　　B. 法线　　C. 垂线　　D. 平行线

19. 圆水准器轴与竖轴的几何关系为(　　)。

A. 相互垂直　　B. 相互平行　　C. 相交　　D. 斜交

20. 望远镜的视准轴，其定义正确的是(　　)。

A. 物镜光心与目镜光心的连线　　B. 物镜中心与目镜中心的连线

C. 目镜中心与十字丝交点的连线　　D. 物镜光心与十字丝交点的连线

21. 转动目镜对光螺旋的目的是(　　)。

A. 看清近处目标　　B. 看清远处目标

C. 消除误差　　D. 看清十字丝

22. 水准器的分划值大，说明(　　)。
A. 内圆弧的半径大　　B. 其灵敏度低
C. 气泡整平困难　　D. 整平精度高
23. 在普通水准测量中，应在水准尺上读取(　　)位数。
A. 5　　B. 3　　C. 2　　D. 4
24. 自动安平水准仪的特点是(　　)使视线水平。
A. 用安平补偿器代替管水准仪　　B. 用安平补偿器代替圆水准器
C. 用安平补偿器代替管水准器　　D. 用安平补偿器代替圆水准仪
25. 视差产生的原因是(　　)。
A. 观测时眼睛位置不正
B. 目标成像与十字丝分划板平面不重合
C. 前后视距不相等
D. 仪器未整平
26. 消除视差的方法是(　　)使十字丝和目标影像清晰。
A. 转动物镜对光螺旋　　B. 转动目镜对光螺旋
C. 反复交替调节目镜及物镜对光螺旋　　D. 转动目镜对角螺旋
27. 水准测量中，同一测站，当后尺读数大于前尺读数时说明后尺点(　　)。
A. 高于前尺点　　B. 低于前尺点
C. 高于测站点　　D. 低于测站点
28. 用水准测量法测定 A、B 两点高差，从 A 到 B 共设了两个测站，第一测站后尺中丝读数为 1.234，前尺中丝读数 1.470，第二测站后尺中丝读数 1.430，前尺中丝读数 0.728，则高差 h_{AB} 为(　　)m。
A. −0.938　　B. −0.466　　C. 0.466　　D. 0.938
29. 已知水准点 A 的高程为 208.673 m，由 A 到 B 进行往返水准测量，往测的高差 $h_{往}=-3.365$ m，返测高差 $h_{返}=+3.351$ m，则 B 的高程为(　　)m。
A. 205.315　　B. 205.308　　C. 212.031　　D. 205.31
30. 附合水准路线高差闭合差的计算公式为(　　)。
A. $f_h=|h_{往}|-|h_{返}|$　　B. $f_h=\sum h$
C. $f_h=\sum h-(H_{终}-H_{始})$　　D. $f_h=h_{往}-h_{返}$
31. 往返水准路线高差平均值的正负号是以(　　)的符号为准。
A. 往测高差　　B. 返测高差
C. 往返测高差的代数和　　D. 不计正负
32. 水准路线高差闭合差的分配原则是(　　)。
A. 反号按距离成比例分配　　B. 平均分配
C. 随意分配　　D. 同号按距离成比例分配
33. 高速公路和一级公路的水准点闭合差应按四等水准控制，闭合差应满足(　　)。
A. $\pm 20\sqrt{L}$　　B. $\pm 30\sqrt{L}$　　C. $\pm 40\sqrt{L}$　　D. $\pm 50\sqrt{L}$
34. 在水准测量过程中，前后视距相等不能消除的误差是(　　)。
A. 水准尺零点误差　　B. 地球曲率误差
C. 大气折光误差　　D. i 角误差

35. 水准仪的(　　)与仪器竖轴平行。

A. 视准轴　　B. 圆水准器轴

C. 十字丝横丝　　D. 仪器中心

36. 水准测量时，为了消除 i 角误差对一测站高差值的影响，可将水准仪置于(　　)处。

A. 靠近前尺　　B. 两尺中间

C. 靠近后尺　　D. 两尺之间

37. 水准测量中要求前后视距离相等，其目的是消除(　　)误差的影响。

A. 水准管轴不平行于视准轴　　B. 圆水准轴不平行于仪器竖轴

C. 十字丝横丝不水平　　D. 仪器整平

38. (　　)不会造成水准测量的误差。

A. 读数有视差　　B. 仪器未精平

C. 往返测量时转点位置不同　　D. 塔尺未竖直

39. 地面上两相交直线的水平角是(　　)的夹角。

A. 这两条直线的实际　　B. 这两条直线在水平面的投影线

C. 这两条直线在同一竖直面上的投影　　D. 水平面上两直线的交角

40. 经纬仪不能直接用于测量(　　)。

A. 点的坐标　　B. 水平角　　C. 竖直角　　D. 视距

41. 经纬仪安置时，整平的目的是使仪器的(　　)。

A. 竖轴位于铅垂位置，水平度盘水平　　B. 水准管气泡居中

C. 竖盘指标处于正确位置　　D. 圆水准气泡居中

42. 水平角测回法观测时，照准不同方向的目标，应(　　)旋转照准部。

A. 盘左顺时针方向、盘右逆时针方向

B. 盘左逆时针方向、盘右顺时针方向

C. 总是顺时针方向

D. 总是逆时针方向

43. 测量竖直角时，采用盘左盘右观测，其目的之一是可以消除(　　)误差的影响。

A. 对中　　B. 视准轴不垂直于横轴

C. 指标差　　D. 竖轴

44. 在方向测回法的观测中，同一盘位起始方向的两次读数之差称为(　　)。

A. 归零差　　B. 测回差　　C. $2c$ 互差　　D. 指标差

45. 采用盘左盘右的水平角观测方法，可以消除(　　)误差。

A. 对中　　B. 十字丝竖丝不铅垂的

C. $2c$　　D. i 角

46. 测定一点竖直角时，若仪器高不同，但都瞄准目标同一位置，则所测竖直角(　　)。

A. 相同　　B. 不同

C. 可能相同　　D. 可能不同

47. 用测回法观测水平角，若右方目标的方向值 $\alpha_{右}$ 小于左方目标方向值 $\alpha_{左}$ 时，水平角 β 的计算方法是(　　)。

A. $\beta=\alpha_{左}-\alpha_{右}$　　B. $\beta=\alpha_{右}+180°-\alpha_{左}$

C. $\beta=\alpha_{右}+360°-\alpha_{左}$　　D. $\beta=\alpha_{右}-360°+\alpha_{左}$

48. 用经纬仪观测水平角时，尽量照准目标底部，其目的是消除(　　)误差对测角的影响。

A. 对中　　B. 照准　　C. 目标偏离中心　　D. 整平

49. 经纬仪测量水平角时，正倒镜瞄准同一方向所读的水平方向值理论上应相差(　　)。

A. 180°　　B. 0°　　C. 90°　　D. 270°

50. 水平角测量通常采用测回法进行，取符合限差要求的上、下半测回平均值作为最终角度测量值，这一操作可以消除(　　)误差的影响。

A. 对中　　B. 整平　　C. 视准　　D. 读数

51. 当经纬仪竖轴与目标点在同一竖面时，不同高度的水平度盘读数(　　)。

A. 相等　　B. 不相等　　C. 有时不相等　　D. 有时相等

52. 竖直度盘为顺时针注记时，则 $\alpha_{左}$ 的计算公式为(　　)。

A. $L-90°$　　B. $270°-R$　　C. $90°-L$　　D. $R-270°$

53. 经纬仪的竖盘按顺时针方向注记，当视线水平时，盘左竖盘读数为 90°，用该仪器观测一高处目标，盘左读数为 75°10′24″，则此目标的竖直角为(　　)。

A. 57°10′24″　　B. −14°49′36″

C. 14°49′36″　　D. −57°10′24″

54. 经纬仪竖盘注记形式为顺时针，在进行竖直角观测时，盘左读数为 L，盘右读数为 R，指标差为 x，则盘左、盘右竖直角的正确值 α_L、α_R 分别为(　　)。

A. $90°-L-x$；$R+x-270°$　　B. $90°-L+x$；$R-x-270°$

C. $L+x-90°$；$270°-R-x$　　D. $L-x-90°$；$270°-R+x$

55. 用经纬仪盘左、盘右照准同一目标，其读数 $\alpha_{左}$ 与 $\alpha_{右}$ 不相差 180°，说明(　　)。

A. 水准管轴不平行于横轴　　B. 仪器竖轴不垂直于横轴

C. 视准轴不垂直于横轴　　D. 十字丝垂直于仪器横轴

56. 用经纬仪测量水平角和竖直角，一般采用正倒镜方法，下面误差不能用正倒镜法消除的是(　　)。

A. 视准轴不垂直于横轴　　B. 竖盘指标差

C. 横轴不垂直于竖轴　　D. 视准轴不水平

57. 经纬仪视准轴检验和校正的目的是(　　)。

A. 使视准轴垂直于横轴　　B. 使横轴垂直于竖轴

C. 使视准轴平行于水准管轴　　D. 使视线清晰

58. 采用盘左、盘右的水平角观测方法，可以消除(　　)的误差。

A. 对中　　B. 十字丝的竖丝不铅垂

C. $2c$　　D. 仪器倾斜

59. 在经纬仪照准部的水准管检校过程中，大致整平后使水准管平行于一对脚螺旋，把气泡居中，当照准部旋转 180°后，气泡偏离零点，说明(　　)。

A. 水准管轴不平行于横轴　　B. 仪器竖轴不垂直于横轴

C. 水准管轴不垂直于仪器竖轴　　D. 水准管轴垂直于仪器竖轴

60. 距离丈量的结果是求得两点之间的(　　)。

A. 斜线距离　　B. 水平距离

C. 折线距离　　D. 高差

61. 在距离丈量中衡量精度的方法是(　　)。
A. 往返较差　B. 相对误差　C. 闭合差　D. 中误差

62. 往返丈量直线 AB 的长度为：$D_{AB}=268.59$ m，$D_{BA}=268.65$ m，其相对误差为(　　)。
A. $K=1/5\ 000$　B. $K=1/4\ 400$　C. $K=0.000\ 22$　D. $K=-0.06$

63. 测量某段距离，往测为 217.30 m，返测为 217.38 m，则相对误差为(　　)。
A. 1/2 700　B. 1/2 800　C. 0.000 368　D. 0.003 57

64. 某段距离的平均值为 100 m，其往返较差为+20 mm，则相对误差为(　　)。
A. 0.02/100　B. 0.002　C. 1/5 000　D. 0.01/50

65. 坐标方位角是以(　　)为标准方向，顺时针转到测线的水平夹角。
A. 真子午线方向　B. 磁子午线方向
C. 坐标纵轴方向　D. 北方向

66. 已知某直线的坐标方位角为 160°，则其象限角为(　　)。
A. 20°　B. 160°　C. 南东 20°　D. 南西 110°

67. 已知某直线的坐标方位角为 220°，则其象限角为(　　)。
A. 220°　B. 40°　C. 南西 50°　D. 南西 40°

68. 坐标方位角的取值范围为(　　)。
A. 0°～270°　B. －90°～90°
C. 0°～360°　D. －180°～180°

69. 已知直线 AB 的坐标方位角为 186°，则直线 BA 的坐标方位角为(　　)。
A. 96°　B. 276°　C. 6°　D. 306°

70. 罗盘仪可以测定一条直线的(　　)。
A. 真方位角　B. 磁方位角　C. 坐标方位角　D. 磁偏角

71. 在我国使用罗盘仪时，为了使磁针水平，常在磁针的(　　)加几圈铜丝。
A. 东端　B. 西端　C. 南端　D. 北端

72. 若直线 AB 的反坐标方位角为 96°，则直线 AB 的坐标方位角在第(　　)象限。
A. 一　B. 二　C. 三　D. 四

73. 衡量一组观测值的精度指标是(　　)。
A. 中误差　B. 真误差
C. 算术平均值中误差　D. 相对误差

74. 系统误差具有(　　)。
A. 偶然性　B. 统计性　C. 累积性　D. 抵偿性

75. 经纬仪对中误差属于(　　)。
A. 相对误差　B. 系统误差　C. 中误差　D. 偶然误差

76. 下列误差中，(　　)为偶然误差。
A. 照准误差和估读误差　B. 横轴误差和指标差
C. 水准管轴不平行于视准轴的误差　D. 对点器误差

77. 已知 A 点坐标为(12 345.7，437.8)，B 点坐标为(12 322.2，461.3)，则 AB 边的坐标方位角 α_{AB} 为(　　)。
A. 45°　B. 315°
C. 225°　D. 135°

78. 导线测量的外业工作是(　　)。

A. 选点、测角、量边　　B. 埋石、造标、绘草图

C. 距离丈量、水准测量、角度测量　　D. 测角、量边

79. 下列选项中，属于导线测量中必须进行的外业工作是(　　)。

A. 测水平角　　B. 测高差　　C. 测气压　　D. 测竖直角

80. 直线 AB 的坐标方位角为 $\alpha_{AB}=258°$，则其坐标增量的符号为(　　)。

A. $\Delta x_{AB}<0$，$\Delta y_{AB}>0$　　B. $\Delta x_{AB}<0$，$\Delta y_{AB}<0$

C. $\Delta x_{AB}>0$，$\Delta y_{AB}<0$　　D. $\Delta x_{AB}>0$，$\Delta y_{AB}>0$

81. 已知 $\alpha_{AB}=312°00'54''$，$S_{AB}=105.22$，则 Δx_{AB}、Δy_{AB} 分别为(　　)。

A. 70.43；78.18　　B. 70.43；−78.18

C. −70.43；−78.18　　D. −70.43；78.18

82. 支导线及其转折角如下图所示，已知坐标方位角 $\alpha_{AB}=145°00'00''$，则 $\alpha_{12}=$(　　)。

A. 186°01′00″　　B. 106°01′00″

C. 173°59′00″　　D. 96°59′00″

83. 闭合导线角度闭合差的调整方法是将闭合差反符号后(　　)。

A. 按角度大小成正比例分配　　B. 按角度个数平均分配

C. 按边长成正比例分配　　D. 按边长成反比例分配

84. 某附合导线的角度闭合差 $f_{\beta}=50''$，观测水平角右角的个数 $n=5$，则每个观测角的角度改正数为(　　)。

A. −10″　　B. −5″　　C. 10″　　D. −5″

85. 导线的坐标增量闭合差调整后，应使纵、横坐标增量改正数之和等于(　　)。

A. 纵、横坐标增量闭合差，其符号相同　　B. 导线全长闭合差，其符号相同

C. 纵、横坐标增量闭合差，其符号相反　　D. 导线全长闭合差，其符号相反

86. 已知一导线横坐标增量闭合差为−0.08 m，纵坐标增量闭合差为+0.06 m，导线全长为 392.90 m，则该导线的全长相对闭合差为(　　)。

A. 1/4 000　　B. 1/3 500　　C. 1/3 900　　D. 1/4 500

87. 若已知两点的坐标分别为：A(412.090，594.830)、B(371.810，525.500)，则 AB 的坐标方位角为(　　)。

A. 59°50′38″　　B. 239°50′38″　　C. 149°50′38″　　D. 329°50′38″

88. 高程控制测量用(　　)实施。

A. 三角网　　B. 前后交会网　　C. 导线网　　D. 水准网

89. 高程测量中转点的作用是(　　)。

A. 传递高程　　B. 传递坐标　　C. 传递距离　　D. 传递方向

90. 在带状地区作测图控制时应选用(　　)。

A. 附合导线　　B. 闭合导线　　C. 支导线　　D. 三角网

91. 确定地面点的空间位置，就是确定该点的平面坐标和(　　)。

A. 高程　　B. 方位角　　C. 已知坐标　　D. 距离

92. 视距测量是用望远镜内视距丝装置，根据几何光学原理同时测定两点间的(　　)的方法。

A. 距离和高差　　B. 水平距离和高差

C. 距离和高程　　D. 水平距离和高程

93. 当视线倾斜进行视距测量时，水平距离的计算公式为(　　)。

A. $D=Kn$　　B. $D=Kn\cos\alpha$　　C. $D=2Kn\cos\alpha$　　D. $D=Kn\cos^2\alpha$

94. 用经纬仪进行视距测量，已知 $K=100$，视距间隔为 0.25，竖直角为 $+2°45'$，则水平距离为(　　) m。

A. 24.77　　B. 24.94　　C. 25.00　　D. 25.06

95. 测量地物、地貌特征点并进行绘图的工作通常称为(　　)。

A. 控制测量　　B. 水准测量　　C. 导线测量　　D. 碎部测量

96. 下列关于等高线的叙述错误的是(　　)。

A. 所有高程相等的点在同一等高线上

B. 等高线必定是闭合曲线，即使本幅图没闭合，也在相邻的图幅闭合

C. 等高线不能分叉、相交或合并

D. 等高线与地面坡度成正比

97. 等高线按其用途可分为(　　)。

A. 真曲线、实曲线、虚曲线、细曲线　　B. 辅助线、主要线、次要线、支线

C. 直线、圆曲线、缓和曲线、虚交曲线　　D. 首曲线、计曲线、间曲线、助曲线

98. 在比例尺为 1∶1 000，等高距为 1 m 的地形图上，如果按照指定坡度 $i=4\%$，从坡脚 A 到坡顶 B 来选择路线，其通过相邻等高线时在图上的长度为(　　) mm。

A. 15　　B. 20　　C. 25　　D. 30

99. 下列各种比例尺的地形图中，比例尺最小的是(　　)。

A. 1∶2 000　　B. 1∶500　　C. 1∶10 000　　D. 1∶5 000

100. 绘制地形图的方法是用(　　)绘制。

A. 比例符号、非比例符号、线形符号和地物注记

B. 地物符号和地貌符号

C. 计曲线、首曲线、间曲线、助曲线

D. 等高线

101. 等高距是两相邻等高线之间的(　　)。

A. 斜距　　B. 平距　　C. 间距　　D. 高程之差

102. 一组闭合的等高线是山丘还是盆地，可根据(　　)来判断。

A. 助曲线　　B. 首曲线　　C. 高程注记　　D. 计曲线

103. 测图前的准备工作主要有(　　)。

A. 图纸准备、方格网绘制、控制点展绘　　B. 组织领导、场地划分、后勤供应

C. 资料、仪器工具、文具用品的准备　　D. 组织领导、文具用品的准备

104. 按照 1/2 基本等高距加密的等高线是(　　)。

A. 首曲线　　B. 计曲线　　C. 间曲线　　D. 助曲线

105. 在一张图纸上等高距不变时，等高线平距与地面坡度的关系是(　　)。
A. 平距大则坡度小　　B. 平距大则坡度大
C. 平距大则坡度不变　　D. 平距与坡度无关

106. 两不同高程的点，其坡度等于两点(　　)之比，再乘以100%。
A. 高差与其平距　　B. 高差与其斜距
C. 平距与其斜距　　D. 平距与高差

107. 若地形点在图上的最大距离不能超过3 cm，对于比例尺为1∶500的地形图，相应地形点在实地的最大距离应为(　　)m。
A. 15　　B. 20　　C. 30　　D. 25

108. 接图表的作用是(　　)。
A. 表示本图的边界线或范围　　B. 表示本图的图名
C. 表示本图幅与相邻图幅的位置关系　　D. 表示相邻图幅的经纬度

109. 展绘控制点时，应在图上标明控制点的(　　)。
A. 点号与坐标　　B. 点号与高程　　C. 坐标与高程　　D. 高程与方向

110. 在1∶1 000的地形图上，量得A、B两点间的高差为0.586 m，平距为5.86 cm，则A、B两点连线的坡度为(　　)。
A. 4%　　B. 2%　　C. 1%　　D. 3%

111. 公路中线测量中，测得某交点的右角为130°，则其转角为(　　)。
A. $\alpha_{右}=50°$　　B. $\alpha_{左}=50°$　　C. $\alpha_{右}=130°$　　D. $\alpha_{左}=130°$

112. 公路路线的转折点称为(　　)。
A. 交点　　B. 转点　　C. 水准点　　D. 三角点

113. 公路中线测量在纸上定好线后，用穿线交点法在实地放线的工作程序为(　　)。
A. 放点、穿线、交点　　B. 计算、放点、穿线
C. 计算、交点、放点　　D. 穿线、放点、交点

114. 路线相邻两交点(JD_8—JD_9)间距离是用(　　)。
A. 钢尺丈量，视距校核　　B. 只用视距测量
C. 用皮尺丈量，视距校核　　D. 用测绳测量

115. 用经纬仪观测某交点的右角，若后视读数为200°00′00″，前视读数为0°00′00″，则外距方向的读数为(　　)。
A. 100°　　B. 80°　　C. 280°　　D. 160°

116. 圆曲线主点测设元素包括(　　)。
A. 切线长、曲线长、外距、切曲差　　B. 坐标x、坐标y
C. 偏角、弦长　　D. 以上答案都不正确

117. 公路中线里程桩测设时，短链是指(　　)。
A. 实际里程小于原桩号　　B. 实际里程大于原桩号
C. 原桩号测错　　D. 与原桩号相同

118. 公路中线测量中，设置转点的作用是(　　)。
A. 传递高程　　B. 传递方向　　C. 加快观测速度　　D. 提高效率

119. 公路平面线形中，缓和曲线采用的是(　　)。
A. 双纽线　　B. 高次抛物线　　C. 抛物线　　D. 回旋线

120. 设圆曲线主点 YZ 的里程为 K6＋325.40，曲线长为 90 m，则其 QZ 点的里程为(　　)。

A. K6＋280.40　　B. K6＋235.40　　C. K6＋370.40　　D. K6＋360.40

121. 采用偏角法测设圆曲线时，其偏角应等于相应弧长所对的圆心角的(　　)。

A. 2 倍　　B. 1/2　　C. 2/3　　D. 3 倍

122. 复曲线半径的选择应先选定(　　)。

A. 第一个曲线半径　　B. 受地形控制较严的那个曲线的半径

C. 第二个曲线半径　　D. 任意选择

123. 路线纵断面测量的任务是(　　)。

A. 测定中线各里程桩的地面高程，绘制路线纵断面图

C. 测定路线交点间的高差

B. 测定中线各里程桩两侧垂直于中线的地面高程

D. 测定填、挖高度

124. 为提高观测精度，中平测量每测站的观测顺序应为(　　)。

A. 先中桩后转点　　B. 先转点后中桩

C. 沿前进方向，按先后顺序观测　　D. 沿后退方向，按先后顺序观测

125. 路线纵断面水准测量分为(　　)和中平测量。

A. 水准测量　　B. 基平测量　　C. 高程测量　　D. 控制测量

126. 基平水准点设置的位置应选择在(　　)。

A. 路中心线上　　B. 施工范围内

C. 施工范围以外　　D. 任何位置

127. 基平测量进行路线水准点设置时，水准点设置的间隔一般为：山区(　　)km，平原区(　　)km。

A. 0.5～1.0，1.0～1.5　　B. 0.5～1.5，1.5～2.0

C. 1.0～1.5，1.0～2.0　　D. 0.5～1.0，1.0～2.0

128. 高速公路中平测量中，其高差闭合差容许值应为(　　)mm。

A. $\pm 50\sqrt{L}$　　B. $\pm 6\sqrt{L}$　　C. $\pm 30\sqrt{L}$　　D. $\pm 40\sqrt{L}$

129. 视线高等于(　　)＋后视点读数。

A. 后视点高程　　B. 转点高程　　C. 前视点高程　　D. 中视点高程

130. 路线中平测量是测定(　　)的地面高程。

A. 水准点　　B. 转点　　C. 各中桩　　D. 交点

131. 中平测量时，水准仪对中间点读数一般读至(　　)。

A. 毫米　　B. 分米　　C. 厘米　　D. 0.1 毫米

132. 道路纵断面图的高程比例尺通常比水平距离比例尺(　　)。

A. 小 10 倍　　B. 大 10 倍　　C. 大一倍　　D. 小一倍

133. 横断面的绘图顺序是从图纸的(　　)依次按桩号绘制。

A. 左上方自上而下，由左向右　　B. 右上方自上向下，由右向左

C. 左下方自下而上，由左向右　　D. 右下方自下而上，由右向左

134. 公路横断面方向是指与中线(　　)的方向。

A. 垂直　　B. 平行　　C. 相切　　D. 斜交

(三)判断题(正确的在括号内画"√",错误的画"×")

1. 由于全站仪重量大，因此在迁站时，即使距离很近，也应取下仪器装箱后再进行迁站。( )

2. 地面点到假定水准面的铅垂距离称为该点的绝对高程。( )

3. 绝对高程的起算面为水平面。( )

4. 珠穆朗玛峰的海拔高度 8 848.86 m 是相对于山脚而言的。( )

5. 大地水准面是不规则的曲面。( )

6. 在高斯投影平面上，中央子午线投影的长度不变，离中央子午线越远的线段，长度变形越大。( )

7. 测量上选用的平面直角坐标系的象限是按顺时针方向编号的。( )

8. 测量中平面直角坐标和数学中的直角坐标完全相同。( )

9. 水准仪由望远镜、水准器和基座三部分组成。( )

10. 自动安平水准仪使用时不需要整平就可以进行水准测量。( )

11. 水准仪的视线高程是指视准轴到地面的垂直高度。( )

12. 用正倒镜分中法延长直线，可以消除或减少水准管轴不垂直于仪器竖轴误差的影响。( )

13. 水准测量中，一般要求前后视距基本相等，可以消除视准轴不平行于水准管轴所产生的误差。( )

14. 水准仪产生的 i 角误差属于偶然误差。( )

15. 视准轴就是望远镜镜筒中心。( )

16. 使用水准仪的水平视线在水准尺上读取一个数的操作步骤是对中、整平、读数。( )

17. 水准测量时，若水准尺竖立不直，读数值不受影响。( )

18. 视差是人眼视力差别造成的。( )

19. 水准原点的高程一定为零。( )

20. 水准仪管水准器的检验与校正的目的是使水准管轴平行于视准轴。( )

21. 往返水准测量路线高差的平均值的正负号是以往测的符号为准。( )

22. 闭合水准路线高差代数和理论上应为零。( )

23. 地面上任意两点其绝对高程相等，那么相对高程一定相等。( )

24. 当经纬仪存在视准轴误差时，应对照准部的水准管进行校正。( )

25. 经纬仪照准目标时，不必消除视差。( )

26. 用经纬仪观测水平角时，左方目标读数为 350°00′00″，右方目标读数为 10°00′00″，则该角值为 20°00′00″。( )

27. 当经纬仪的望远镜上下转动时，竖直度盘与望远镜一起转动。( )

28. 竖盘指标水准管气泡居中的目的是使竖盘处于水平位置。( )

29. 经纬仪的测角精度比全站仪测角精度低。( )

30. 在公路工程中全站仪可以替代经纬仪和水准仪。( )

31. 水平角观测后，即可取两半测回角值的平均值作为一测回的角值。( )

32. 地面上两方向线的夹角称为水平角。( )

33. 经纬仪视准轴检验与校正的目的是使望远镜的视准轴平行于横轴。( )

34. 罗盘仪是用来测定直线的磁方位角的。（　）
35. 磁方位角和坐标方位角是一致的。（　）
36. 钢尺丈量时，尺身不平将使丈量结果较实际水平距离短。（　）
37. 用钢尺丈量基线时，所用拉力越大越好，以便使尺子拉平，提高测量精度。（　）
38. 钢尺量距最基本的要求是平、准、直。（　）
39. 距离丈量时定线不准、钢尺不平会使丈量结果比实际距离小。（　）
40. 距离丈量的精度用往返测量的平均值除以往返丈量的较差来表示。（　）
41. 全站仪测角部分相当于电子经纬仪，可以测定水平角、竖直角和设置方位。（　）
42. 角度测量时，其精度可用相对误差来评定。（　）
43. 如果所测得的三角形内角和为180°，说明测角时没有误差。（　）
44. 测量误差大于极限误差时，被认为是错误，必须重测。（　）
45. 在进行测量时，未经校核与平差的测量成果不能使用。（　）
46. 三角形闭合差是真误差。（　）
47. 系统误差和偶然误差一样都可以消除。（　）
48. 读数误差、$2c$误差、指标差均属于系统误差。（　）
49. 在水平角的观测中，可以在一测回内调焦，它不会引起视准轴的变动而产生误差。（　）
50. 由于水准尺刻划不精确所引起的读数误差属于系统误差。（　）
51. 衡量一组观测值精度的指标是中误差。（　）
52. 当α_{AB}为250°时，其坐标增量Δx符号为负，Δy符号为正。（　）
53. 若两点C、D之间的坐标增量Δx为正，Δy为负，则直线CD位于第四象限。（　）
54. 已知$X_A=100.00$，$Y_A=100.00$；$X_B=50.00$，$Y_B=50.00$，坐标反算$\alpha_{AB}=45°00'$。（　）
55. 由于测量有误差，闭合导线的角度闭合差在理论上不等于零。（　）
56. 附合导线纵、横坐标增量的代数和理论上应等于起终两点已知坐标差。（　）
57. 导线点位置的选择可随意布设。（　）
58. 视距法测距要比钢尺量距精度高。（　）
59. 导线坐标增量闭合差的调整方法是将闭合差反符号后按导线边数平均分配。（　）
60. 低等级公路的导线点即路线控制点。（　）
61. 导线角度闭合差的分配中，应对具有短边的角度少分配。（　）
62. 地形图比例尺越大，其覆盖的范围就越大。（　）
63. 地形图的比例尺越小，它所反映的地面实际情况越详细。（　）
64. 地形图测绘遵循的原则是由局部到整体，先控制后碎部。（　）
65. 非特殊地貌等高线不能相交或重叠。（　）
66. 等高线越密的地方说明地面坡度越陡。（　）
67. 在同一幅图内，等高线平距相等表示坡度为零。（　）
68. 等高距是指两条等高线之间的水平距离。（　）
69. 通常把比例尺大于1∶100 000的地形图称为大比例尺地形图。（　）
70. 地形图的分幅和编号有梯形和正方形两种方法。（　）
71. 地形图上等高线密集处表示地形坡度小，等高线稀疏处表示地形坡度大。（　）

72. 高程相等的点一定在同一条等高线上。 ( )

73. 复曲线是由两个或两个以上的圆曲线直接连接而成的。 ( )

74. JD2 的里程等于 JD1 的里程加两交点之间的距离。 ( )

75. 路线转角是通过经纬仪直接测其路线夹角获得。 ( )

76. 在圆曲线中，转角等于圆心角。 ( )

77. 采用偏角法测设圆曲线时，其偏角应等于相应弧长所对圆心角的 2/3。 ( )

78. 切线支距法测设时，以切线方向为 x 轴，以垂直于切线的方向为 y 轴。 ( )

79. 切线支距法比偏角法测设精度高，实用性强。 ( )

80. 公路中线里程桩测设时，短链是指实际里程小于原桩号。 ( )

81. 公路中线测量中，设置转点的作用是传递高程。 ( )

82. 低等级公路恢复中线采用的是全站仪坐标放样。 ( )

83. 高等级公路恢复中线采用的是全站仪坐标放样。 ( )

84. 目前，我国公路系统中采用双纽线作为缓和曲线。 ( )

85. 水准仪的视线高程是指视准轴到地面的垂直高度。 ( )

86. 视线高法是高程放样常采用的一种方法。 ( )

87. 基平测量可以采用两台水准仪进行单程观测。 ( )

88. 中平测量的主要任务是沿线设置水准点，并测定其高程。 ( )

89. 路线中平测量是测定路线水准点的高程。 ( )

90. 水准点的布设应在路中线可能经过的地方两侧 50～100 m，且不受路线施工影响。

( )

91. 中平测量和基平测量一样都需要进行往返测量。 ( )

92. 高速、一级公路的基平测量的容许闭合差为 $\pm 30\sqrt{L}$，L 为单程水准路线的长度，以千米计。 ( )

93. 纵断面图的地面线是根据中平测量和基平测量绘制的。 ( )

94. 横断面图的绘制一般由上往下，从左至右进行。 ( )

95. 导线点的复测与加密是为恢复中线提供依据。 ( )

96. 用全站仪测设公路中线时，可先在沿线两侧一定范围内布设导线点，形成路线控制导线，然后依据控制导线进行路线测量。 ( )

97. 水准点的复测与加密是为恢复中线提供依据。 ( )

98. 高等级公路的导线点在路线的附近，是由国家控制点引测的。 ( )

99. 公路施工中水准点的复测使用的测量方法是闭合水准测量。 ( )

100. 设计部门提供的水准点可以满足施工中的需求。 ( )

101. 地面不平整时可以使用解析法进行边桩放样。 ( )

102. 边桩放样的方法有横断面法、解析法和渐近法。 ( )

103. 渐近法边桩放样适用于任何地形。 ( )

104. 测绘工作者应当严格遵守测绘技术标准、规范图式和操作规程，真实准确，细致及时，确保成果质量。 ( )

105. 测绘工作者应增强职业荣誉感，热爱测绘，乐于奉献，吃苦耐劳，不畏艰险。

( )

106. 测绘工作者应当大力弘扬“爱祖国、爱事业、艰苦奋斗、无私奉献”的测绘精神。　　(　　)

107. 测绘工作者应当增强保密观念和信息安全意识，确保地理空间信息安全。(　　)

108. 测绘工作者应当具有强烈的爱国主义精神，增强政治责任感和国家版图意识，自觉维护国家版图的严肃性和完整性。(　　)

109. 测绘工作者应当弘扬科学精神，刻苦钻研技术，勇攀科技高峰。(　　)

110. 测绘工作者应当加强学习，大胆实践，与时俱进，积极进取，不断提高创新意识和能力。(　　)

111. 测绘工作者应当牢固树立服务意识，主动服务，优质服务，拓宽服务领域，提高服务能力。(　　)

112. 测绘工作者在测绘活动中应当树立信用观念，遵守合同，诚实守信。(　　)

113. 测绘工作者应当增强集体意识和团队精神，友爱互助，文明作业。(　　)

114. 测绘工作者应当树立法制观念，依法测绘，安全生产，合法经营，公平竞争，自觉维护测绘市场的秩序。(　　)

(四)简答题

1. 测量工作的基本内容是什么?

2. 测量中的平面直角坐标与数学中的平面直角坐标有何不同?

3. 简述测量工作的程序和原则。

4. 绘图说明水准测量的基本原理。

5. 什么是视差？视差产生的原因有哪些？如何消除视差?

6. 简述普通往返水准测量的步骤。

7. 水准测量时为什么要求前后视距相等?

8. 导线的布设形式有哪几种?

9. 简述附合导线内业计算的步骤及计算公式。

10. 简述全站仪坐标测量的步骤。

11. 简述全站仪坐标放样的步骤。

12. 简述正倒镜分中延长直线的操作方法。

13. 简述高等级公路施工放样的内容。

14. 什么是等高线？什么是等高距？等高线有哪几种？

15. 等高线有哪些特性？

16. 公路中线测量的主要任务是什么？

17. 路线上里程桩的加桩主要有哪些？

18. 详细测设曲线的方法有哪些？

19. 单圆曲线的主点测设元素有哪些？圆曲线详细测设的方法主要有哪些？

20. 路线纵横断面测量的任务分别是什么？

(五)计算题

1. 在水准 BM_a 和 BM_b 之间进行普通水准测量，测得各测段的高差及其测站数 n_i 如下图所示。试将有关数据填写在水准测量高差调整表中，最后请在下表中，计算出水准点 1 和 2 的高程(已知 BM_a 的高程为 5.612 m，BM_b 的高程为 5.412 m)。

BM_a　+0.100 m　6(站)　1　−0.620 m　5(站)　2　+0.302 m　7(站)　BM_b

点号	测站数	实测高差/m	改正数/mm	改正后高差/m	高程/m
BM_a					5.612
1					
2					
BM_b					5.412
$\sum$					

$H_{BMb}-H_{BMa}=$

$f_h=$

$f_{h容}=$

每站改正数=

2. 将全站仪安置于 B 测站，用测回法观测水平角，其读数见下表，试完成下表的计算。

测站	盘位	目标	水平度盘读数/(° ′ ″)	水平角/(° ′ ″)	
				半测回值	测回值
B	左	A	0　01　20		
		C	53　40　10		
	右	A	180　01　00		
		C	233　39　30		

3. 已知直线 AB 起点 A 的坐标为(−1 200，1 000)，终点 B 的坐标为(1 100，−1 400)。求直线 BA 的坐标方位角。

4. 用钢尺丈量一段距离，往测结果为 217.30 m，返测结果为 217.38 m，现规定其相对误差不应大于 1/2 000，试问：(1)此测量成果是否满足精度要求？(2)按此规定，若丈量 100 m，往返丈量最大容许相差多少？

5. 已知下图中 AB 的坐标方位角，观测了图中四个水平角，试计算边长 B→1，1→2，2→3，3→4 的坐标方位角。

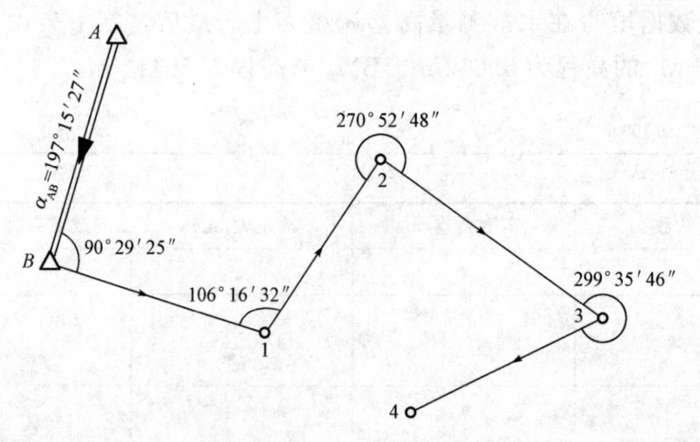

6. 已知四边形闭合导线内角的观测值见下表，试在表中计算：(1)角度闭合差；(2)改正后角度值；(3)推算出各边的坐标方位角。

点号	角度观测值(右角)/(° ′ ″)	改正值/(″)	改正后角值/(° ′ ″)	坐标方位角/(° ′ ″)
1	112 15 23			
				123 10 21
2	67 14 12			
3	54 15 20			
4	126 15 25			
$\sum$	360 00 20			

7. 如下图所示，三角形的三个内角分别为 $\beta_1=38°$，$\beta_2=67°$，$\beta_3=75°$，其中，12 边的坐标方位角为 30°，求 23 边和 31 边的坐标方位角。

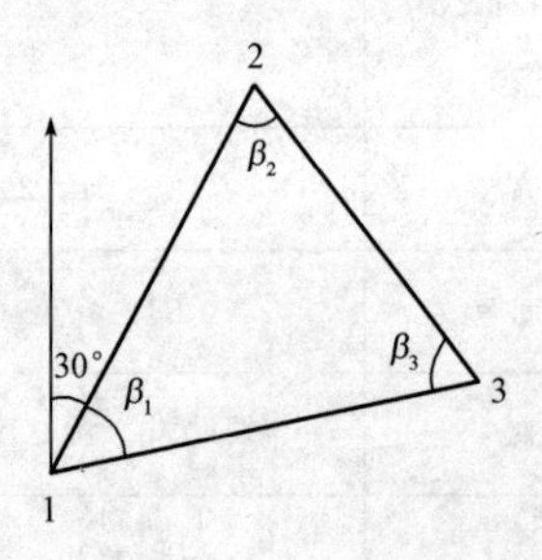

8. 如下图所示，已知附合导线 $AB1CD$，坐标及增量列在下表中，试计算出 1 点的坐标及导线精度。

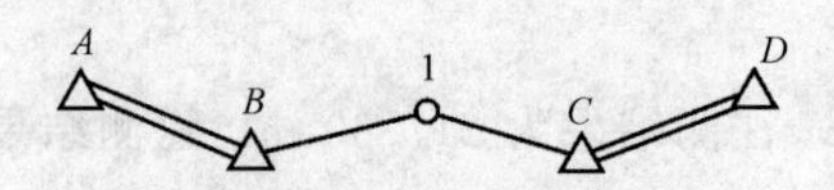

点号	导线边长/m	坐标增量及改正数/m				改正后的坐标增量/m		坐标值/m	
		Δx	Δx 改正数	Δy	Δy 改正数	Δx	Δy	x	y
A									
B								500.000	500.000
	120.120	68.611		98.597					
1									
	80.080	−18.468		77.921					
C								550.103	676.558
D									
总和									
计算	$f_x=$　　$f_y=$ $f=$ $K=$								

9. 根据下表中的视距测量数据，计算出 1、2 碎部点的水平距离和高程。已知竖直角计算公式：$\alpha=90°-L$，测站高程 $H_B=44.780$ m，仪器高 $i=1.50$ m，水平距离及高程的计算保留至 cm 位。

测站点	测点	视距丝读数/m		中丝读数/m	竖盘读数 L (° ′ ″)
		下丝	上丝		
B	1	0.902	0.766	0.830	84　32　00
	2	2.165	0.555	1.360	86　13　00

10. 已知路线 JD_2 的右角观测结果见下表。试完成下列计算。

目标点	盘左	盘右
JD_1	71°45′00″	251°45′00″
JD_3	1°12′00″	181°12′25″

(1)JD_2 的右角值 β；

(2)JD_2 的转角 α，并判断是左转还是右转；

(3)求右角分角线方向的水平度盘读数 K。

11. 某二级公路 JD_4 的桩号为 K3＋384.24，转角 $\alpha_{右}=34°28'$，圆曲线半径 $R=450$ m，缓和曲线长 $L_s=70$ m，试计算：(1)缓和曲线常数；(2)平曲线测设元素；(3)主点里程桩号。

12. 已知某弯道半径 $R=250$ m，缓和曲线长 $L_s=70$ m，ZH 点里程为 K3＋714.39，用偏角法测设曲线，在 ZH 点安置仪器，后视交点 JD，试计算缓和曲线上 K3＋720 和 K3＋740 桩点的偏角。

13. 填表计算。

测点	水准尺读数/m			视线高程/m	高程/m
	后视	中视	前视		
BM_1	1.100				
K0 +000		1.52			
+020		1.70			
ZD	3.162		1.006		
+060		2.03			
+080		2.34			
+100		1.09			
BM_2			0.606		
注：BM_1 的高程为 100.000 m					

14. 如下图所示，已知 $\alpha_{AB}=300°04'00''$，$x_A=14.22$ m，$y_A=86.71$ m；$x_1=34.22$ m，$y_1=66.71$ m；$x_2=54.14$ m，$y_2=101.40$ m。计算仪器安置于 A 点，用极坐标法测设 1 点与 2 点的测设数据并简述测设点位过程。

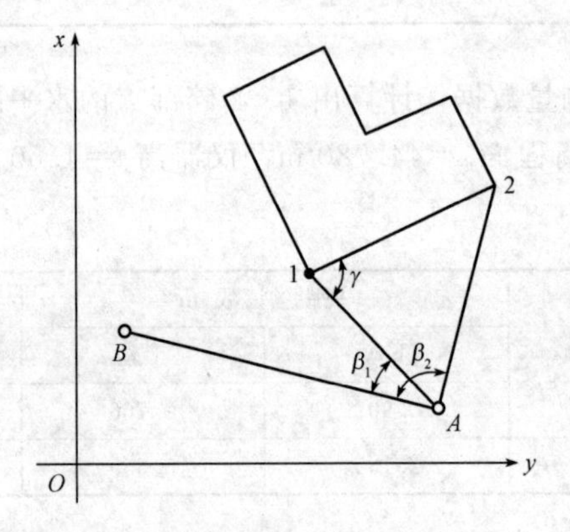

15. 如下图所示，已知地面水准点 A 的高程 $H_A=40.00$ m，若在基坑内 B 点测设 $H_B=30.000$ m，测设时 $a=1.415$ m，$b=11.365$ m，$a_1=1.205$ m。问当 b_1 为多少时，其尺底即设计高程 H_B？

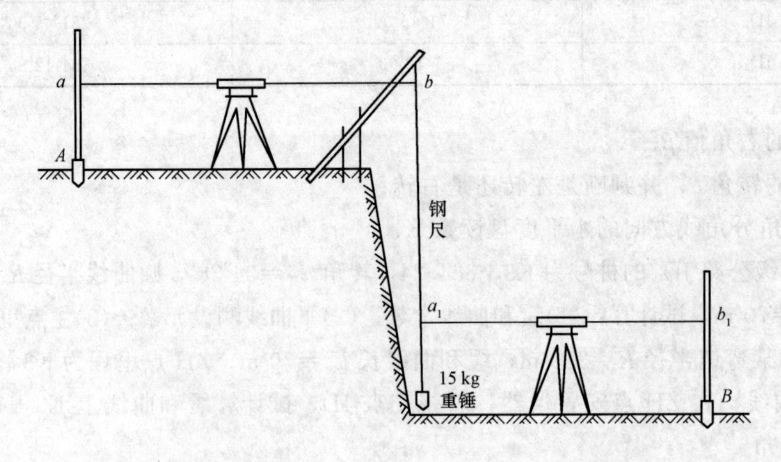

二、高级《工程测量员》理论模拟题及参考答案

高级《工程测量员》理论模拟题

（考试时间：120 min）

题号	（一）	（二）	（三）	（四）	（五）	总分	复核人
得分							

得分	评卷人

（一）填空题（每空 2 分，共 20 分）

1. 测量仪器长距离迁站时仪器应__________。

2. 公路横断面图的比例尺为__________。

3. 在水准测量中，水准仪安装在两立尺点等距处，可以消除__________的误差。

4. 经纬仪是测定角度的仪器，它既能观测__________角，又能观测竖直角。

5. 根据全站仪坐标测量的原理，在测站点瞄准后视点后，方向值应设置为__________至后视点的方位角。

6. 在测量工作中，观测误差按其性质分为系统误差和__________。

7. GPS 全球定位系统由空间部分、地面控制部分和__________部分组成。

8. 在同一幅图内，等高线密集表示坡度__________，等高线稀疏表示坡度越缓，等高线平距相等表示坡度均匀。

9. 中线加桩分为地形加桩、地物加桩、__________、构造物加桩、断链加桩。

10. 导线全长闭合差的产生，是由于测角和量距中存在误差的缘故，一般用__________作为衡量其精度的标准。

得分	评卷人

（二）选择题（将正确答案的序号填入括号内，每小题 1 分，共 30 分）

1. 用经纬仪观测某交点的右角，若后视读数为 $200°00'00''$，前视读数为 $0°00'00''$，则外距方向的读数为（　　）。

A. 100°　　B. 80°　　C. 280°　　D. 240°

2. 公路中线里程桩测设时，短链是指（　　）。

A. 实际里程小于原桩号　　B. 实际里程大于原桩号

C. 原桩号测错　　D. 与原桩号相同

3. 公路中线测量中，设置转点的作用是（　　）。

A. 传递高程　　B. 传递方向　　C. 加快观测速度　　D. 传递距离

4. 地面点到大地水准面的铅垂距离称为该点的（　　）。

A. 相对高程　　B. 绝对高程　　C. 高差　　D. 高程

5. 高程控制测量用(　　)实施。

A. 三角网　　B. 前后交会网　　C. 导线网　　D. 水准网

6. 绝对高程的起算面是(　　)。

A. 水平面　　B. 大地水准面　　C. 假定水准面　　D. 水准面

7. 高程测量中转点的作用是(　　)。

A. 传递高程　　B. 传递坐标　　C. 传递距离　　D. 传递方向

8. 下列误差中(　　)为偶然误差。

A. 照准误差和估读误差　　B. 横轴误差和指标差

C. 水准管轴不平行于视准轴的误差　　D. 对点器误差

9. 消除视差的方法是(　　)使十字丝和目标影像清晰。

A. 转动物镜对光螺旋　　B. 转动目镜对光螺旋

C. 反复交替调节目镜及物镜对光螺旋　　D. 转动目镜对角螺旋

10. 导线测量的外业工作是(　　)。

A. 选点、测角、量边　　B. 埋石、造标、绘草图

C. 距离丈量、水准测量、角度测量　　D. 角度、距离、高程

11. 支导线及其转折角如下图，已知坐标方位角 $\alpha_{AB}=145°00'00''$，则 $\alpha_{12}=$(　　)。

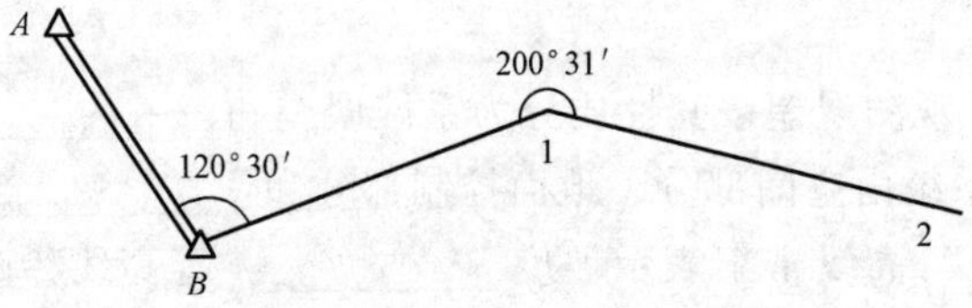

A. 186°01′00″　　B. 106°01′00″　　C. 173°59′00″　　D. 96°59′00″

12. 导线的坐标增量闭合差调整后，应使纵、横坐标增量改正数之和等于(　　)。

A. 纵、横坐标增量闭合差，其符号相同

B. 导线全长闭合差，其符号相同

C. 纵、横坐标增量闭合差，其符号相反

D. 导线全长闭合差，其符号相反

13. 已知直线 AB 的坐标方位角为 186°，则直线 BA 的坐标方位角为(　　)。

A. 6°　　B. 276°　　C. 96°　　D. 36°

14. 水准仪的(　　)与仪器竖轴平行。

A. 视准轴　　B. 圆水准器轴　　C. 十字丝横丝　　D. 仪器中心

15. 用水准测量法测定 A、B 两点的高差，从 A 到 B 共设了两个测站，第一测站后尺中丝读数为 1.234，前尺中丝读数 1.470，第二测站后尺中丝读数 1.430，前尺中丝读数 0.728，则高差 h_{AB} 为(　　)m。

A. −0.938　　B. −0.466　　C. 0.466　　D. 0.938

16. 视线高等于(　　)+后视点读数。

A. 后视点高程　　B. 转点高程　　C. 前视点高程　　D. 中桩高程

17. 基平水准点设置的位置应选择在(　　)。

A. 路中心线上　　B. 施工范围内　　C. 施工范围以外　　D. 任何位置

18. 经纬仪测量水平角时，正倒镜瞄准同一方向所读的水平方向值理论上应相差(　　)。

A. 180°　　B. 0°　　C. 90°　　D. 270°

19. 经纬仪不能直接用于测量(　　)。

A. 点的坐标　　B. 水平角　　C. 垂直角　　D. 视距

20. 用经纬仪观测水平角时，尽量照准目标的底部，其目的是为消除(　　)误差对测角的影响。

A. 对中　　B. 照准

C. 目标偏离中心　　D. 整平

21. 测量某段距离，往测为 217.30 m，返测为 217.38 m，则相对误差为(　　)。

A. 1/2 700　　B. 1/2 800　　C. 0.000 368　　D. 0.000 27

22. 在 1∶1 000 的地形图上，设等高距为 1 m，现量得某相邻两条等高线上两点 A、B 之间的图上距离为 0.01 m，则 A、B 两点的地面坡度为(　　)。

A. 1%　　B. 5%　　C. 10%　　D. 2%

23. 下列各种比例尺的地形图中，比例尺最小的是(　　)。

A. 1∶2 000　　B. 1∶500　　C. 1∶10 000　　D. 1∶5 000

24. 等高距是两相邻等高线之间的(　　)。

A. 高程之差　　B. 平距　　C. 间距　　D. 斜距

25. 在地形图上，量得 A、B 的坐标分别为 $x_A=432.87$ m，$y_A=432.87$ m，$x_B=300.23$ m，$y_B=300.23$ m，则 AB 的方位角为(　　)。

A. 315°　　B. 225°　　C. 135°　　D. 45°

26. 设圆曲线主点 YZ 的里程为 K6＋325.40，曲线长为 90 m，则其 QZ 点的里程为(　　)。

A. K6＋280.40　　B. K6＋235.40　　C. K6＋370.40　　D. K6＋350.40

27. 用经纬仪盘左、盘右照准同一目标，其读数 $\alpha_{左}$ 与 $\alpha_{右}$ 不相差 180°，说明(　　)。

A. 水准管轴不平行于横轴　　B. 仪器竖轴不垂直于横轴

C. 视准轴不垂直于横轴　　D. 对点器轴不平行于竖轴

28. 某地高斯坐标 $x=331\ 123.110$，$y=20\ 523\ 421.541$，那么该地处在该分带中央子午线的(　　)。

A. 东侧　　B. 西侧　　C. 南侧　　D. 北侧

29. 下列不会造成水准测量的误差的是(　　)。

A. 读数有视差　　B. 仪器未精平

C. 往返测量时转点位置不同　　D. 塔尺未竖直

30. 关于高斯投影的说法，下列选项正确的是(　　)。

A. 中央子午线投影为直线，且投影的长度无变形

B. 离中央子午线越远，投影变形越小

C. 经纬线投影后长度无变形

D. 高斯投影为等面积投影

得分	评卷人

(三)判断题(正确的画"√",错误的画"×",每小题 1.5 分,共 30 分)

1. 等高距是指两条等高线之间的水平距离。 ( )
2. 高程相等的点在同一条等高线上。 ( )
3. 地面点到假定水准面的铅垂距离称为该点的绝对高程。 ( )
4. 水准测量中,一般要求前后视距基本相等,这样可以消除视准轴不平行于水准管轴所产生的误差。 ( )
5. 如果所测得的三角形内角和为 180°,说明测角时没有误差。 ( )
6. 当经纬仪存在视准轴误差时,应对照准部的水准管进行校正。 ( )
7. 经纬仪照准目标时,不必消除视差。 ( )
8. 使用水准仪的水平视线在水准尺上读取一个数的操作步骤是对中、整平、读数。 ( )
9. 由于水准尺刻划不精确所引起的读数误差属于系统误差。 ( )
10. 设计部门提供的水准点可以满足施工中的需求。 ( )
11. 高速、一级公路基平测量的容许闭合差为 $\pm 30\sqrt{L}$,L 为单程水准线的长度,以千米计。 ( )
12. 公路中线测量中,设置转点的作用是传递高程。 ( )
13. 附合导线纵横坐标增量的代数和理论上应等于起终两点已知坐标差。 ( )
14. 导线点位置的选择可随意布设。 ( )
15. 公路中线里程桩测设时,短链是指实际里程小于原桩号。 ( )
16. 用正倒镜分中法延长直线,可以消除或减少水准管轴不垂直于仪器竖轴误差的影响。 ( )
17. 采用偏角法测设圆曲线时其偏角应等于相应弧长所对圆心角的 2/3。 ( )
18. 磁方位角和坐标方位角是一致的。 ( )
19. 钢尺丈量时,尺身不平将使丈量结果较实际水平距离短。 ( )
20. 地面不平整时可以使用解析法进行边桩放样。 ( )

得分	评卷人

(四)简答题(每小题 5 分,共 10 分)

1. 简述全站仪坐标测量的步骤。

2. 绘图说明水准测量的基本原理。

得分	评卷人

(五)计算题(每小题 5 分，共 10 分)

1. 某二级公路，JD_4 的桩号为 K3＋384.24，转角 $\alpha_{右}=34°28'$，圆曲线半径 $R=450$ m，缓和曲线长 $L_s=70$ m，试计算：(1)缓和曲线常数；(2)平曲线测设元素；(3)主点里程桩号。

2. 已知四边形闭合导线内角的观测值见下表，试在表中计算：(1)角度闭合差；(2)改正后角度值；(3)推算出各边的坐标方位角。

点号	角度观测值(右角)/(°　′　″)	改正值/(″)	改正后角值/(°　′　″)	坐标方位角/(°　′　″)
1	112　15　23			
				123　10　21
2	67　14　12			
3	54　15　20			
4	126　15　25			
∑	360　00　20			

附：高级《工程测量员》理论模拟题参考答案

(一)填空题(每空2分，共20分)

1. 装箱搬运；2. 1∶200；3. 视准轴不平行于水准管轴产生；4. 水平角；5. 测站点；6. 偶然误差；7. 用户设备；8. 越陡；9. 曲线加桩；10. 导线全长相对闭合差

(二)选择题(将正确答案的序号填入括号内，每小题1分，共30分)

1. C；2. A；3. B；4. B；5. D；6. B；7. A；8. A；9. C；10. A；11. B；12. C；13. A；14. B；15. C；16. A；17. C；18. A；19. A；20. B；21. A；22. C；23. C；24. A；25. B；26. A；27. C；28. A；29. C；30. A

(三)判断题(正确的在括号内画"√"，错误的画"×"，每小题1.5分，共30分)

1. ×；2. ×；3. ×；4. √；5. ×；6. ×；7. ×；8. ×；9. √；10. ×；11. ×；12. ×；13. √；14. ×；15. √；16. ×；17. ×；18. ×；19. ×；20. ×

(四)简答题(每小题5分，共10分)

1. 答：1)设定测站点的三维坐标；2)设定后视方位角；3)设置气压、温度、棱镜常数；4)量仪高、镜高输入全站仪；5)照准目标棱镜测定坐标。

2. 答：水准测量的基本原理是在局部范围内，当视准轴水平时，且与竖轴垂直并绕其旋转形成水平面，来代替水准面，测其两点间的高差，根据已知点的高程，来推算未知点的高程。

(五)计算题(每小题5分，共10分)

1. **解**：(1)缓和曲线常数：

$$\beta=\frac{L_s}{2R}\times\frac{180^\circ}{\pi}=\frac{70}{2\times450}\times\frac{180^\circ}{\pi}=4^\circ27'23'' \qquad p=\frac{L_s^2}{24R}=\frac{70^2}{24\times450}=0.45(\mathrm{m})$$

$$q=\frac{L_s}{2}-\frac{L_s^3}{240\times R^2}=\frac{70}{2}-\frac{70^3}{240\times450^2}=34.99(\mathrm{m})$$

$$x_0=L_s-\frac{L_s^3}{40R^2}=70-\frac{70^3}{40\times450^2}=69.96(\mathrm{m}) \qquad y_0=\frac{L_s}{6R}=\frac{70^2}{6\times450}=1.81(\mathrm{m})$$

(2)平曲线测设元素：

$$T_H=(R+p)\tan\frac{\alpha}{2}+q=(450+0.45)\times\tan\frac{34^\circ28'}{2}+34.99=174.71(\mathrm{m})$$

$$L_H=R\cdot\alpha\frac{\pi}{180^\circ}+L_s=450\times34^\circ28'\frac{\pi}{180^\circ}+70=340.70(\mathrm{m})$$

$$E_H=(R+p)\sec\frac{\alpha}{2}-R=(450+0.45)\sec\frac{34^\circ28'}{2}-450=21.62(\mathrm{m})$$

$$D_H=2T_H-L_H=2\times174.71-34.70=8.72(\mathrm{m})$$

$$L_y=L_H-2L_s=340.70-2\times70=200.70(\mathrm{m})$$

(3)主点里程桩号：

JD		K3＋384.24
－)	T_H	174.71
ZH		K3＋209.53
＋)	L_s	70
HZ		K3＋279.53
＋)	L_y	200.70
YH		K3＋480.23
＋)	L_s	70
HZ		K3＋550.23
－)	$L_H/2$	170.35
QZ		K3＋379.88
＋)	$D_H/2$	4.36
JD		K3＋384.24 （校核无误）

2. **解**：据题意，其计算过程见下表。

点号	角度观测值(右角)/(° ′ ″)	改正值/(″)	改正后角值/(° ′ ″)	坐标方位角/(° ′ ″)
1	112 15 23	−5	112 15 18	
				123 10 21
2	67 14 12	−5	67 14 07	
				235 56 14
3	54 15 20	−5	54 15 15	
				1 40 59
4	126 15 25	−5	126 15 20	
				55 25 39
$\sum$	360 00 20	−20	360 00 00	

$f_\beta=+20''$；$v_{\beta i}=-\dfrac{f_\beta}{4}=-5''$

三、高级《工程测量员》操作模拟题

高级《工程测量员》操作模拟题(一)

班级：________ 学号：________ 姓名：________

<table>
<tr><td rowspan="2">项目</td><td rowspan="2">内容</td><td rowspan="2">精度要求</td><td rowspan="2">配分</td><td rowspan="2">时间</td><td colspan="3">评分表</td><td rowspan="2">评分标准</td><td rowspan="2">备注</td></tr>
<tr><td>评分标准</td><td>扣分</td><td>实得分</td></tr>
<tr><td rowspan="13">全站仪测导线点坐标</td><td rowspan="5">在地面上钉设 A、B、C、D 四个导线点，A、D 两导线点的坐标已知，分别在 A、B、C 点上架设仪器，依次测出 B、C、A 的坐标，并计算导线全长相对闭合差</td><td rowspan="5">1. 仪器对中误差不大于 3 mm。
2. 整平误差不大于半格。
3. $K_{容}=1/2\ 000$</td><td rowspan="5">30</td><td rowspan="5">25 min</td><td>时间</td><td></td><td></td><td rowspan="13">1. 在规定时间内完成，得 10 分，时间每超 20 s 扣 1 分。
2. 精度 $K \leqslant K_{容}$ 得 10 分；$K > K_{容}$ 不得分。
3. 测量方法与计算方法无误得 10 分；仪器对中、整平超出要求范围的酌情扣 1～3 分；计算结果错误时酌情扣 1～3 分；卷面有修改的扣 2 分，数据结果缺位、缺单位的扣 2 分</td><td rowspan="9">1. 模拟题(一)、(二)为必考，(三)、(四)、(五)为抽考(考其中一项)。
2. 模拟题部分总分为 90 分，安全文明操作总分为 10 分，总计 100 分</td></tr>
<tr><td>精度</td><td></td><td></td></tr>
<tr><td>测量方法</td><td></td><td></td></tr>
<tr><td>计算方法</td><td></td><td></td></tr>
<tr><td>卷面</td><td></td><td></td></tr>
<tr><td colspan="2">仪器型号：
开始时间：</td><td colspan="2">日期：</td><td colspan="3">天气：
结束时间：</td></tr>
<tr><td>导线点</td><td>x 坐标</td><td colspan="2">y 坐标</td><td>距离</td><td colspan="2">成果校核</td></tr>
<tr><td>D</td><td>12 020</td><td colspan="2">14 020</td><td></td><td colspan="2" rowspan="6">计算过程：</td></tr>
<tr><td>A</td><td>12 000</td><td colspan="2">14 000</td><td></td></tr>
<tr><td>B</td><td></td><td colspan="2"></td><td></td><td rowspan="4">安全文明操作得分</td></tr>
<tr><td>C</td><td></td><td colspan="2"></td><td></td></tr>
<tr><td>A</td><td></td><td colspan="2"></td><td></td></tr>
<tr><td>$\sum$</td><td></td><td colspan="2"></td><td></td></tr>
<tr><td colspan="3">第 1 页　共 5 页</td><td colspan="5">主考：</td><td colspan="2">监考：</td></tr>
</table>

高级《工程测量员》操作模拟题(二)

班级：__________　　学号：__________　　姓名：__________

<table>
<tr><th>项目</th><th>内容</th><th>精度要求</th><th>配分</th><th>时间</th><th colspan="4">评分表</th><th>评分标准</th><th>备注</th></tr>
<tr><td rowspan="6">闭合水准路线测量</td><td rowspan="6">设定一水准点并标记 BM_1，假定其为 100.000 m，设 3 个 ZD，构成一个大约 200 m 的闭合水准路线，考生操作水准仪进行测量，记录，计算</td><td rowspan="6">高差闭合差容许值：$f_{h容}=\pm30\sqrt{L}$</td><td rowspan="6">30</td><td rowspan="6">13 min</td><td colspan="2">评分标准</td><td>扣分</td><td>实得分</td><td rowspan="6">1. 在规定时间内完成，得 10 分，时间每超 20 s 扣 1 分。
2. 精度 $|f_h| \leqslant |f_{容}|$ 得 10 分；$|f_h| > |f_{容}|$ 不得分。
3. 测量方法与计算方法无误得 10 分；仪器操作不规范的酌情扣 1～3 分；计算结果错误时酌情扣 1～3分；卷面有修改的扣 2 分，数据结果缺位、缺单位的扣 2 分</td><td rowspan="6">1. 模拟题(一)、(二)为必考，(三)、(四)、(五)为抽考(考其中一项)。
2. 模拟题部分总分为 90 分，安全文明操作总分为 10 分，总计 100 分</td></tr>
<tr><td>时间</td><td></td><td></td><td></td></tr>
<tr><td>精度</td><td></td><td></td><td></td></tr>
<tr><td>测量方法</td><td></td><td></td><td></td></tr>
<tr><td>计算方法</td><td></td><td></td><td></td></tr>
<tr><td>卷面</td><td></td><td></td><td></td></tr>
</table>

仪器型号：　　日期：　　天气：

开始时间：　　结束时间：

测点	后视读数/m	前视读数/m	高差/m	高程/m	备注
BM_1					
ZD_1					
ZD_2					
ZD_3					
BM_1			—		
$\sum$					

计算校核

成果校核

第 2 页　共 5 页　　主考：　　监考：

高级《工程测量员》操作模拟题(三)

班级：＿＿＿＿ 学号：＿＿＿＿ 姓名：＿＿＿＿

<table>
<tr><th rowspan="2">项目</th><th rowspan="2">内容</th><th rowspan="2">精度要求</th><th rowspan="2">配分</th><th rowspan="2">时间</th><th colspan="4">评分表</th><th rowspan="2">评分标准</th><th rowspan="2">备注</th></tr>
<tr><th colspan="2">评分标准</th><th>扣分</th><th>实得分</th></tr>
<tr><td rowspan="9">切线支距法测设平曲线</td><td rowspan="5">在地面上钉设JD桩及ZH、HY、QZ、YH、HZ五个主点桩，给定曲线要素，考生用切线支距法计算任一点的坐标，并现场放样该点</td><td rowspan="5">1. 平曲线闭合差纵向≤L/1 000。
2. 平曲线闭合差横向≤10 cm</td><td rowspan="5">30</td><td rowspan="5">15 min</td><td>时间</td><td></td><td></td><td rowspan="5"></td><td rowspan="9">1. 在规定时间内完成，得10分，时间每超20 s扣1分。
2. 精度纵向≤L/1 000横向≤10 cm得10分；精度不符合要求的不得分。
3. 测量方法与计算方法无误得10分；测量方法不规范的酌情扣1～3分；计算结果错误时酌情扣1～3分；卷面有修改的扣2分，数据结果缺位、缺单位的扣2分</td><td rowspan="9">1. 模拟题(一)、(二)为必考，(三)、(四)、(五)为抽考(考其中一项)。
2. 模拟题部分总分为90分，安全文明操作总分为10分，总计100分</td></tr>
<tr><td>精度</td><td></td><td></td></tr>
<tr><td>测量方法</td><td></td><td></td></tr>
<tr><td>计算方法</td><td></td><td></td></tr>
<tr><td>卷面</td><td></td><td></td></tr>
<tr><td colspan="8">仪器型号： 日期： 天气：
开始时间： 结束时间：</td></tr>
<tr><td colspan="8">交点里程 K1+500 $\alpha_{右}=60°00'00''$ $R=55$ m $L_s=20$ m
$p=0.303$ m $q=9.989$ m</td></tr>
</table>

桩名	桩号	里程桩号		曲线长	x	y	弦长	计算过程：
ZH	K1+458.082	P1	K1+465					
HY	K1+478.082	P2	K1+490					
QZ	K1+496.880	P3	K1+510					
YH	K1+515.678	P4	K1+520					
HZ	K1+535.678	P5	K1+525					

 主考： 监考：

高级《工程测量员》操作模拟题（四）

班级：＿＿＿＿＿　　　学号：＿＿＿＿＿　　　姓名：＿＿＿＿＿

<table>
<tr><th>项目</th><th>内容</th><th>精度要求</th><th>配分</th><th>时间</th><th colspan="4">评分表</th><th>评分标准</th><th>备注</th></tr>
<tr><td rowspan="14">偏角法测设平曲线</td><td rowspan="6">在地面上钉设JD桩及ZH、HY、QZ、YH、HZ五个主点桩，给定曲线要素，考生用偏角法计算任一点的偏角、弦长，并现场放样该点</td><td rowspan="6">1. 平曲线闭合差纵向≤L/1 000。
2. 平曲线闭合差横向≤10 cm</td><td rowspan="6">30</td><td rowspan="6">15 min</td><td colspan="2">评分标准</td><td>扣分</td><td>实得分</td><td rowspan="14">1. 在规定时间内完成，得10分，时间每超20 s扣1分。
2. 精度符合要求得10分；精度不符合要求不得分。
3. 测量方法与计算方法无误得10分；测量方法不规范的酌情扣1～3分；计算结果错误时酌情扣1～3分；卷面有修改的扣2分，数据结果缺位、缺单位的扣2分</td><td rowspan="14">1. 模拟题（一）、（二）为必考，（三）、（四）、（五）为抽考（考其中一项）。
2. 模拟题部分总分为90分，安全文明操作总分为10分，总计100分</td></tr>
<tr><td>时间</td><td></td><td></td><td rowspan="5"></td></tr>
<tr><td>精度</td><td></td><td></td></tr>
<tr><td>测量方法</td><td></td><td></td></tr>
<tr><td>计算方法</td><td></td><td></td></tr>
<tr><td>卷面</td><td></td><td></td></tr>
<tr><td colspan="8">仪器型号：　　　日期：　　　天气：
开始时间：　　　结束时间：</td></tr>
<tr><td colspan="8">交点里程K2+378.456　$\alpha_{右}=60°00'00''$　$R=55$ m　$L_s=25$ m
$p=0.473$ m　$q=12.48$ m</td></tr>
<tr><td>桩名</td><td>桩号</td><td colspan="2">里程桩号</td><td>曲线长</td><td>偏角</td><td>弦长</td><td rowspan="6">计算过程：</td></tr>
<tr><td>ZH</td><td>K2+333.95</td><td>P1</td><td>K2+343</td><td></td><td></td><td></td></tr>
<tr><td>HY</td><td>K2+358.95</td><td>P2</td><td>K2+365</td><td></td><td></td><td></td></tr>
<tr><td>QZ</td><td>K2+375.25</td><td>P3</td><td>K2+388</td><td></td><td></td><td></td></tr>
<tr><td>YH</td><td>K2+391.55</td><td>P4</td><td>K2+405</td><td></td><td></td><td></td></tr>
<tr><td>HZ</td><td>K2+416.55</td><td>P5</td><td>K2+415</td><td></td><td></td><td></td></tr>
<tr><td colspan="11">第4页　共5页　　　　主考：　　　　监考：</td></tr>
</table>

高级《工程测量员》操作模拟题(五)

班级：________ 学号：________ 姓名：________

<table>
<tr><th rowspan="2">项目</th><th rowspan="2">内容</th><th rowspan="2">精度要求</th><th rowspan="2">配分</th><th rowspan="2">时间</th><th colspan="3">评分表</th><th rowspan="2">评分标准</th><th rowspan="2">备注</th></tr>
<tr><th>评分标准</th><th>扣分</th><th>实得分</th></tr>
<tr><td rowspan="5">全站仪坐标放样</td><td rowspan="5">在地面上钉设 A、B 两已知坐标的导线点，给定任一坐标点，考生计算测站点到放样点的距离和方位角，并利用全站仪将此点敷设出来</td><td rowspan="5">偏位≤2 cm</td><td rowspan="5">30</td><td rowspan="5">10 min</td><td>时间</td><td></td><td rowspan="5"></td><td rowspan="5">1. 在规定时间内完成，得 10 分，时间每超 20 s 扣 1 分。
2. 精度符合要求得 10 分；精度不符合要求不得分。
3. 测量方法与计算方法无误得 10 分；测量方法不规范的酌情扣 1～3 分；计算结果错误时酌情扣 1～3 分；卷面有修改的扣 2 分，缺位、缺单位的扣 2 分</td><td rowspan="5">1. 模拟题(一)、(二)为必考，(三)、(四)、(五)为抽考(考其中一项)。
2. 模拟题部分总分为 90 分，安全文明操作总分为 10 分，总计 100 分</td></tr>
<tr><td>精度</td><td></td></tr>
<tr><td>测量方法</td><td></td></tr>
<tr><td>计算方法</td><td></td></tr>
<tr><td>卷面</td><td></td></tr>
</table>

仪器型号： 日期： 天气：

开始时间： 结束时间：

导线点	x 坐标	y 坐标	放样点	x 坐标	y 坐标	距离	方位角
A	12 020	14 020	1	12 010	14 005		
B	12 000	14 000	2	12 005	13 990		
计算过程：			3	12 009	14 006		
			4	12 004	13 989		
			5	12 006	13 991		

第 5 页 共 5 页 主考： 监考：

附　　录

附录 1　实训场地常用的地形图图式符号表

编号	符号名称	符号样式			符号细部图	简要说明
		1∶500	1∶1 000	1∶2 000		
4.1.3	导线点 a. 土堆上的 Ⅰ16、Ⅰ23——等级、点号 84.46、94.40——高程 2.4——比高		2.0 ⊙ $\frac{\text{Ⅰ16}}{84.46}$ a 2.4 ⊙ $\frac{\text{Ⅰ23}}{94.40}$			4.1.3　利用导线测量方法测定的控制点。 一、二、三级导线点均用此符号表示。设在土堆上的且土堆不能依比例尺表示的用符号 a 表示
4.1.4	埋石图根点 a. 土堆上的 12、16——点号 275.46、175.64——高程 2.5——比高		2.0 $\frac{12}{275.46}$ a 2.5 $\frac{16}{175.64}$		2.0 0.5 0.5 1.0	4.1.4　埋石的或天然岩石上凿有标志的、精度低于小三角点的图根点。 设在土堆上的且土堆不能依比例尺表示的用符号 a 表示
4.1.5	不埋石图根点 19——点号 84.47——高程		2.0 ⊡ $\frac{19}{84.47}$			4.1.5　不埋石的图根点根据用图需要表示
4.1.6	水准点 Ⅱ——等级 京石 5——点名点号 32.805——高程		2.0 ⊗ $\frac{\text{Ⅱ京石5}}{32.805}$			4.1.6　利用水准测量方法测定的国家等级的高程控制点

续表

编号	符号名称	符号样式			符号细部图	简要说明
		1∶500	1∶1 000	1∶2 000		
4.3	居民地及设施					
4.3.1	单幢房屋 a. 一般房屋 b. 裙楼 b_1. 楼层分割线 c. 有地下室的房屋 d. 简易房屋 e. 突出房屋 f. 艺术建筑 混、钢——房屋结构 2、3、8、28——房屋层数 (65.2)——建筑高度 -1——地下房屋层数	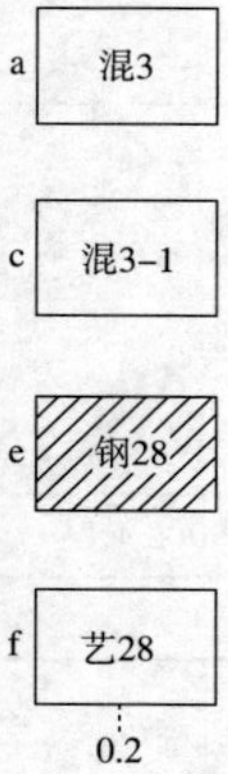 a 混3 c 混3-1 e 钢28 f 艺28 0.2	b_1 0.1 b 混3 混8 0.2 d 简2 艺 (65.2) 0.2	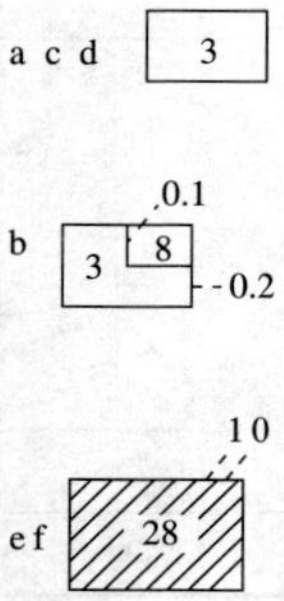 a c d 3 b 3 8 0.1 0.2 e f 28 1.0	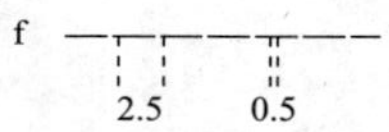 f 2.5 0.5	4.3.1 在外形结构上自成一体的各种类型的独立房屋。 a. 以钢、钢筋混凝土、混合结构为主要建筑结构的坚固房屋和以砖(石)木为主要建筑结构的房屋。房屋一般应按真实方向逐个表示，并加注房屋结构简注及层数(1∶2 000比例尺不注房屋结构)。 b. 一个多高层建筑的主体，其底部的横切面积(占地面积)大于建筑主体本身横切面积的低层附属建筑体。裙楼如b所示按楼层分割表示(主楼楼层含裙楼楼层数)，楼层分隔线用0.1 mm线粗表示。 c. 有地下室的房屋应加注地下层数(只有地下一层的也应注出层数)。 d. 以木、竹、土坯、铁皮、秫秸、土为材料建造的房屋或砖基土墙的混合结构房屋。新疆用于晾晒葡萄干的晾房用简易房屋符号表示，加注“晾”字。 e. 形态或颜色与周围房屋有明显区别、具有方位意义的房屋。藏族地区有方位意义的经房也用此符号表示，并加注“经”字。晕线与南图廓成45°角，但当房屋边线与晕线平行时，允许将晕线偏转一个小角度绘出。1∶2 000地形图上根据需要选取表示。 f. 形态特异或底部轮廓线与上部投影线差别较大的房屋。一般只表示底部与地面的交线(0.2 mm)；如架空部分在地面的投影与底部形状相差很大时，可根据图面负载情况用虚线表示；艺术建筑一般应注出楼层数，难以测定时可不注；也可根据用图需要测注建筑高度(用括号注出，精度0.1 m)。 沙漠、海边用于避风的避风房，特殊民居建筑碉楼等，其表示方法为房屋符号加注记，如“避风”“碉”等。 楼层只有一层的可以不注层数；房屋基础加固成陡坎和斜坡的部分，应表示陡坎和斜坡，间隔小于0.3 mm时，可将其房屋轮廓线用陡坎符号表示。 房屋面积小于2 mm^2的可综合取舍；房屋轮廓凸凹在图上小于0.4 mm时，可综合取舍。 对于不同结构的房屋毗连、庭院套递，应根据房屋形式不同、屋脊高低不一、屋脊前后不齐等因素，按单幢房屋分别表示。两房屋间隔小于图上0.5 mm时，可采用共线表示

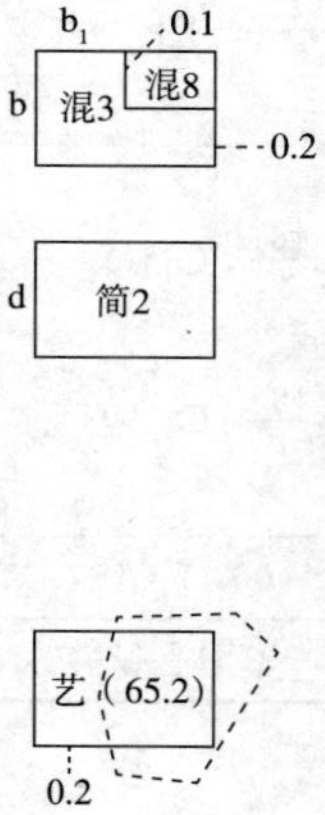

续表

编号	符号名称	符号样式			符号细部图	简要说明
		1∶500	1∶1 000	1∶2 000		
4.3	居民地及设施					
4.3.2	建筑中房屋	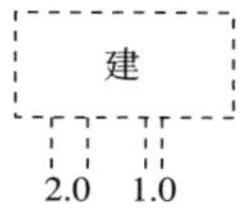	建 2.0 1.0			4.3.2 已建房基或基本成型但未建成的房屋。 不分正在施工或暂停施工的均用此符号表示
4.3.49	体育馆、科技馆、博物馆、展览馆	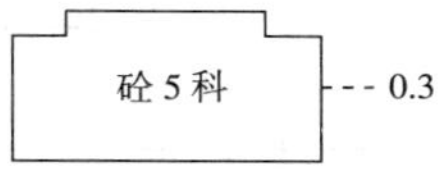	砼5科 0.3			4.3.49 可用作各种室内体育运动并备有体育设施的，或征集、保藏、陈列和研究代表自然和人类活动的实物，并为公众提供知识、教育和欣赏的，或专供举办各种展览活动的馆所。 各种综合性的体育馆、科技馆、博物馆、展览馆均用此符号表示，并注出名称，名称注记注不下时，应注出简注“体”“科”“博”“展”等
4.3.51	商场、超市	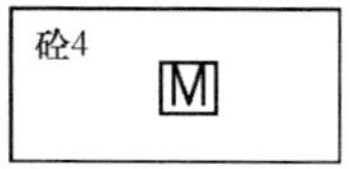	砼4 M		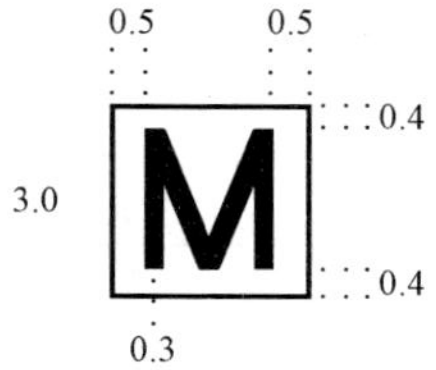 0.5 0.5 0.4 3.0 M 0.4 0.3	4.3.51 较大规模的综合商店或实行顾客“自我服务”方式的零售商场。 符号表示在主要建筑物上
4.3.53	露天体育场、网球场、运动场、球场 a. 有看台的 a_1. 主席台 a_2. 门洞 b. 无看台的	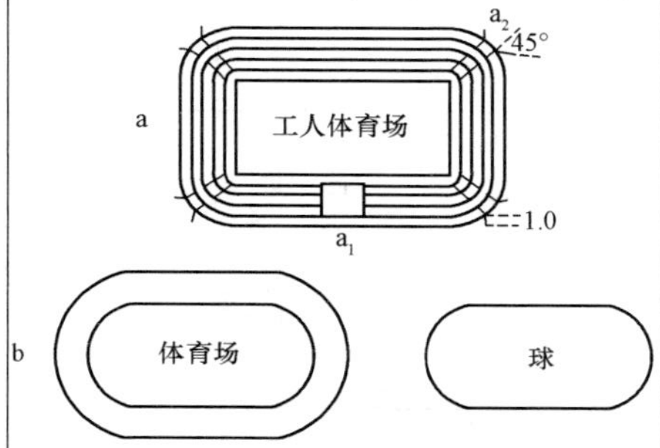	a 工人体育场 a_1 a_2 45° 1.0 b 体育场 球			4.3.53 各种无顶盖体育运动场所，分有看台和无看台两种。 有看台的其上下轮廓线按实地位置表示，中间等分表示看台(1∶2 000 地形图上可不等分)；跑道按其实际轮廓线表示。符号中的虚线表示出入口的位置。 大型体育场内的其他设施如主席台、栏杆、照射灯、绿化带等用相应的符号表示。体育场有名称的应加注名称。 无看台的按跑道的实际位置表示并加注体育场。网球场、小型运动场、溜冰场、球场在其轮廓线内加注“网球”“运动场”“溜冰”“球”字

续表

编号	符号名称	符号样式			符号细部图	简要说明
		1∶500	1∶1 000	1∶2 000		
4.3.54	沙坑	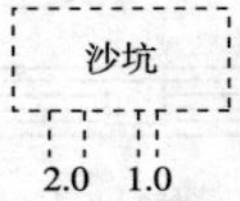 沙坑 2.0 1.0				4.3.54 指运动场、公园或居民小区内用于跳远运动或供儿童玩耍的填有沙土的坑。 图上面积大于15 mm^2 的应表示
4.3.70	垃圾场	 垃圾场				4.3.70 固定的集中进行清理或堆放、填埋垃圾的场所。 用相应的符号表示范围及内部建筑物及设施，并加注名称注记，无名称的加注“垃圾场”
4.3.85	旗杆	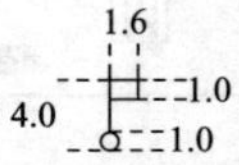 1.6 4.0 1.0 1.0				4.3.85 有固定基座的高大旗杆。 数根旗杆不能逐根数表示，两头的旗杆按实地位置表示，中间均匀分布
4.3.103	围墙 a. 依比例尺的 b. 不依比例尺的	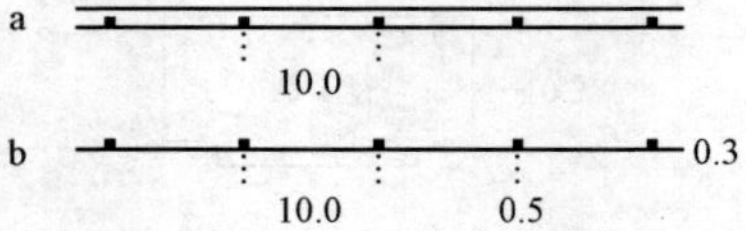 a 10.0 b 10.0 0.5 0.3				4.3.103 用土或砖、石砌成的起封闭阻隔作用的墙体。 图上长度大于3 mm、高度大于1 m的土墙、砖石墙、土围、垒石围等不分结构性质均用此符号表示。在图上宽度大于0.5 mm时，用依比例尺符号表示；小于0.5 mm时，用不依比例尺符号表示，其符号的黑块一般朝向院内。墙上有电网的加注“电”字。 围墙与街道边线重合或间距在图上小于0.3 mm时，只表示围墙符号
4.3.106	栅栏、栏杆	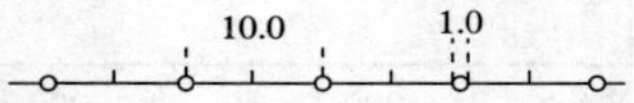 10.0 1.0				4.3.106 用铁、木、砖、石、混凝土等材料制成的，由支柱或基座、扶手和横栅栏等组成起封闭阻隔作用的障碍物。 图上长度大于5 mm、高度大于1 mm的应表示。符号上的短线除与陡坎、斜坡重合外，一般向里表示。垣栅与街道线重合时，只表示垣栅符号

续表

编号	符号名称	符号样式			符号细部图	简要说明
		1∶500	1∶1 000	1∶2 000		
4.3.109	铁丝网、电网	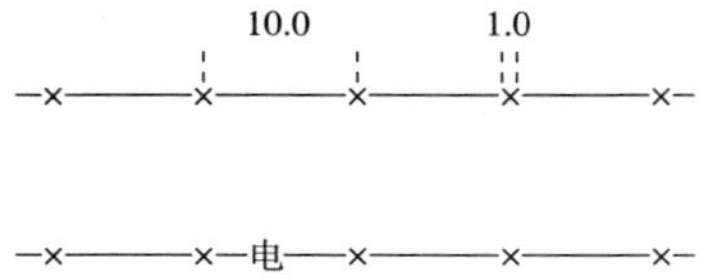 10.0 1.0 电				4.3.109　由铁丝组成的起封闭阻隔作用的障碍物。 图上长度大于 5 mm、高度大于 1 m 的应表示。临时性的不表示。通电的铁丝网加注“电”字。铁丝网与街道边线重合时，只表示铁丝网符号
4.3.110	地类界	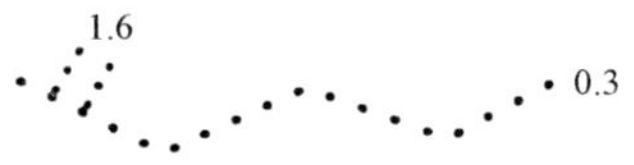 1.6 0.3				4.3.110　各类用地界线和各种地物分布的范围界线。 当地类界与地面上有实物的线状符号(如道路、陡坎等)重合、或接近平行且间隔小于图上 2 mm 时，地类界应省略不绘；但当与地面无形的线状地物如境界、管线等符号重合时，地类界符号需移位 0.3 mm 绘出；与等高线重合，可压盖等高线。地类界一般应与所表示的地物颜色一致。 地类界弯曲很多时，图上小于 2 mm 的弯曲可综合
4.3.111	地下建筑物出入口 a. 出入口标识 b. 敞开式的 c. 有雨篷的 d. 屋式的 e. 不依比例尺的	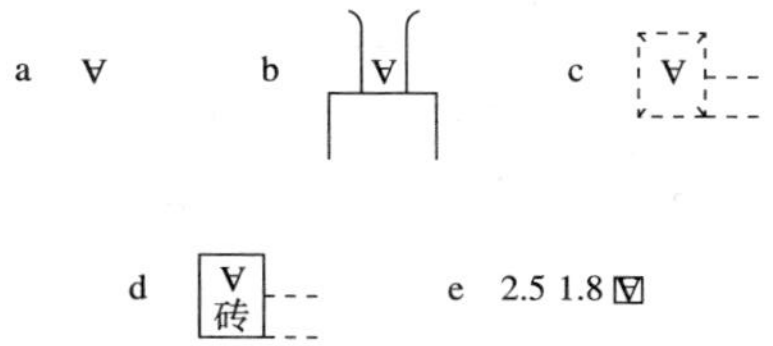 a　b　c　d 砖　e 2.5 1.8			 a 2.5 1.8 1.2	4.3.111　地下通道、防空洞、地下停车场等地下建筑物在地表的出入口。 按轮廓线依比例尺表示的，其内配置出入口标识；小于符号尺寸时用符号 e 表示。出入口标识符号的尖端表示入口方向。 废弃的防空洞出入口不表示
4.3.113	柱廊 a. 无墙壁的 b. 一边有墙壁的	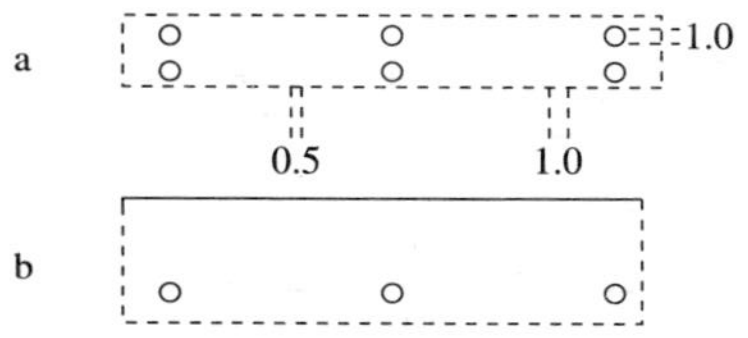 a 1.0 0.5 1.0 b				4.3.113　由支柱和顶盖组成，供人通行的走廊，如长廊、回廊等。 按顶盖在地面的投影表示，支柱按实地位置表示，密集时可取舍。 图上宽度小于 1.5 mm 的按 1.5 mm 表示

续表

编号	符号名称	符号样式			符号细部图	简要说明
		1∶500	1∶1 000	1∶2 000		
4.3.114	门顶、雨罩 a. 门顶 b. 雨罩	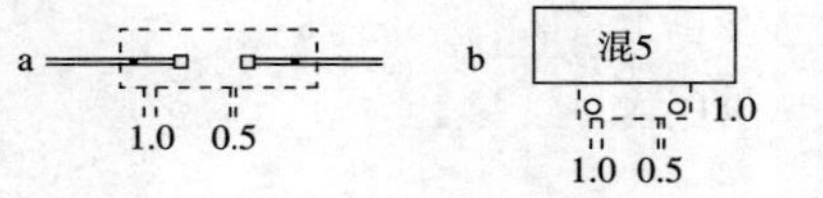 a 1.0 0.5		b 混5 1.0 1.0 0.5		4.3.114　围墙大门或建筑物门窗上方用于遮雨的顶盖。 按顶盖投影线表示。支柱实测表示。图上面积小于6 mm^2的门顶可不表示。 1∶2 000 地形图上可不表示雨罩
4.3.121	台阶	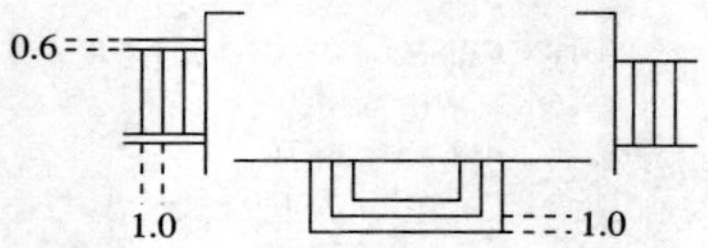 0.6 1.0 1.0				4.3.121　砖、石、水泥砌成的阶梯式构筑物。 房屋、河岸边、码头及大型桥梁等地的台阶均用此符号表示，图上不足三级台阶的不表示
4.3.123	院门 a. 围墙门 b. 有门房的	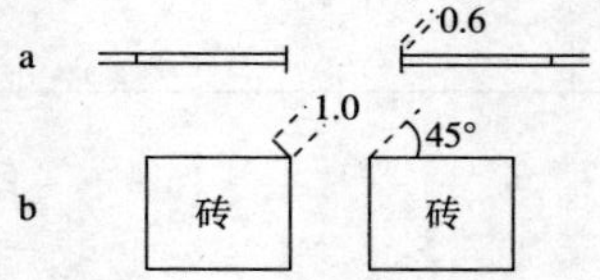 a 0.6 b 1.0 45° 砖 砖				4.3.123　单位和居民院落没有门墩的大门。 按实地位置表示
4.3.129	路灯、艺术景观灯 a. 普通路灯 b. 艺术景观灯	a		b	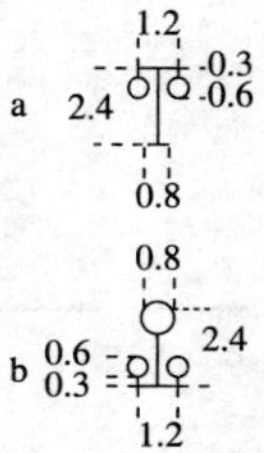 a 1.2 0.3 0.6 2.4 0.8 b 0.8 2.4 0.6 0.3 1.2	4.3.129　安装在道路或广场等处提供照明的灯具。 普通路灯一般指柱式灯具。 艺术景观灯指具有色彩鲜艳、造型独特、变化丰富等特性的、用于装饰性的景观灯具。 根据用图需要选取表示
4.3.130	照射灯 a. 杆式 b. 桥式 c. 塔式	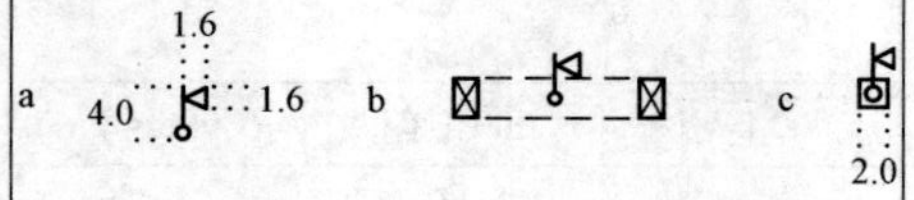 a 1.6 4.0 1.6	b	c 2.0		4.3.130　采用聚光光束的方式提供照明的灯具。 当塔式照射灯支柱底部宽在图上小于2 mm时，均用2 mm表示

续表

编号	符号名称	符号样式			符号细部图	简要说明
		1∶500	1∶1 000	1∶2 000		
4.3.132	宣传橱窗、广告牌、电子屏 a. 双柱或多柱的 b. 单柱的	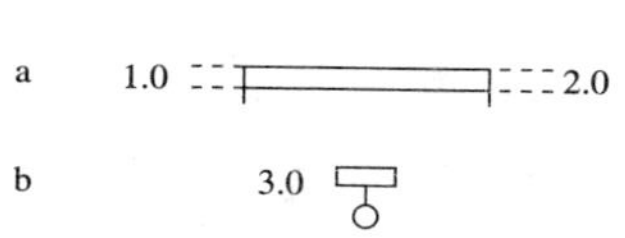 a 1.0 2.0 b 3.0			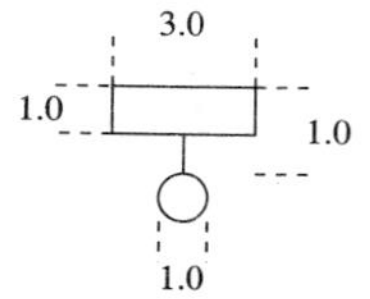 3.0 1.0 1.0 1.0	4.3.132 独立、固定的宣传橱窗与广告牌。 图上按真实方向表示。 独立、固定的砖墙银幕、电子屏亦用此符号表示，电子屏应加注“电”字
4.3.134	喷水池				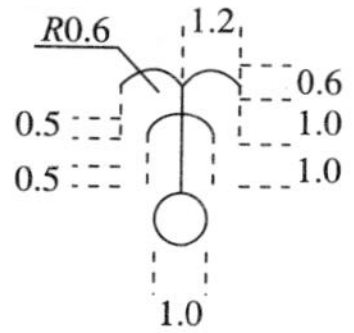 R0.6 1.2 0.6 1.0 1.0 0.5 0.5 1.0	4.3.134 公园及公共场所设置的专门供喷水的地方。 用实线表示水池轮廓，其符号表示在主要喷头处
4.3.135	假山石				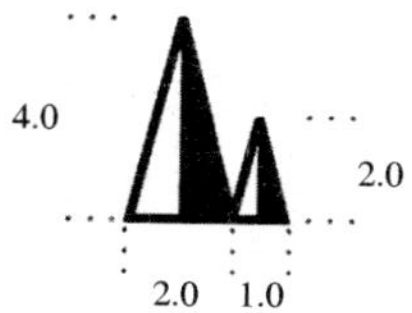 4.0 2.0 2.0 1.0	4.3.135 在公共场所建造的一种山状装饰性设施。 用地类界表示实际范围，其内配置符号
4.4	交通					4.4 交通 包括铁路、城际公路、城市道路、乡村道路、道路构造物、水运、航道、空运及其附属设施等
4.4.16	内部道路	1.0 1.0	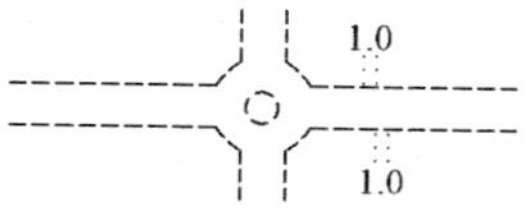			4.4.16 公园、工矿、机关、学校、居民小区等内部有铺装材料的道路。 宽度在图上大于 1 mm 的，依比例尺表示，小于 1 mm 的择要表示

续表

编号	符号名称	符号样式			符号细部图	简要说明
		1∶500	1∶1 000	1∶2 000		
4.4.24	停车场 a. 停车楼 3——停车楼层数 b. 露天停车场	a 3	b 3.3		1.4 0.4 1.1 0.4 0.25 0.9	4.4.24 有人值守的，用来停放各种机动车辆的场所。 停车楼指钢架结构的立体停车场，用钢架符号表示，其内配置符号。兼作其他用途的楼不用此符号表示。 露天停车场用地类界符号表示车场范围，其内配置符号；面积小于 25 mm² 的不表示。 地下停车场不表示，只表示其地下出入口
4.4.49	电子眼(监控设施)、交通测速器				1.4 0.8 3.0 1.0	安装在特定公共区域、对各种事态进行电子监控的设备，或安装在道路旁的微波测速雷达。 交通测速器加注“测”字。 根据用图需要选取表示
4.5	管线					4.5 管线 包括输电线、通信线、各种管道及其附属设施等
4.5.11	管道检修井孔 a. 给水检修井孔 b. 中水检修井孔 c. 排水(污水)检修井孔 d. 排水暗井 e. 煤气、天然气、液化气检修井孔 f. 热力检修井孔 g. 工业、石油检修井孔 h. 公安检修井孔 i. 不明用途的井孔	a 2.0 b 2.0 c 2.0 d 2.0 e 2.0 f 2.0 g 2.0 d 2.0 i 2.0			0.6 1.2 1.4 0.6 60° 0.6	4.5.11 管道检修井孔按实际位置表示，不区分井盖形状，只按检修类别用相应符号表示。重点表示在铺装路上的检修井。1∶2 000 图可取舍。 a. 进入地下检修给水管道的出入口。 b. 进入地下检修中水管道的出入口。 c. 进入地下检修排水管道的出入口。 d. 进行清污、疏通地下排水管道的地下井口。 e. 进入地下检修煤气、天然气、液化气管道的出入口。 f. 进入地下检修热力管道的出入口。 g. 进入地下检修工业管道的出入口。 h. 进入地下检修公安部门设置的各类地下管线的出入口。 i. 不明用途的或综合管道的检修井孔

续表

编号	符号名称	符号样式			符号细部图	简要说明
		1∶500	1∶1 000	1∶2 000		
4.5.12	管道其他附属设施 a. 水龙头 b. 消火栓 c. 阀门 d. 污水雨水箅子	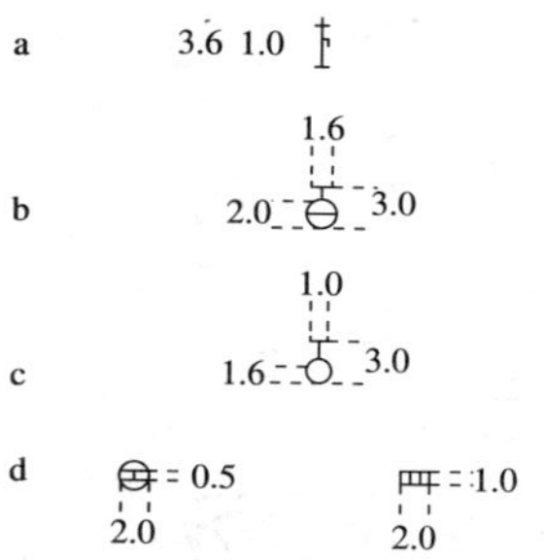 a 3.6 1.0 b 1.6 2.0 3.0 c 1.0 1.6 3.0 d 0.5 2.0		1.0 2.0	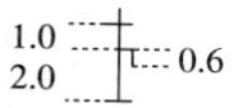 1.0 2.0 0.6	4.5.12 管道其他附属设施 a. 室外饮水、供水的出水口的控制开关。供水站依比例尺表示，其内配置水龙头符号。成排分布的水龙头，两头按实地位置表示，中间可选取表示。 b. 消防用水接口。室外地上和地下的消火栓均用此符号表示。 c. 工业、热力、液化气、天然气、煤气、给水、排水等各种管道的控制开关。阀门池在图上大于符号尺寸时，依比例尺表示，其内配置阀门符号。 d. 城市街道及内部道路旁污水雨水管道口起箅滤作用的过滤网。符号按实际形状沿道路边线表示
4.7	地貌					4.7 地貌 包括等高线、高程注记点、水域等值线、水下注记点、自然地貌及人工地貌等
4.7.1	等高线及其注记 a. 首曲线 b. 计曲线 c. 间曲线 d. 助曲线 e. 草绘等高线 25——高程	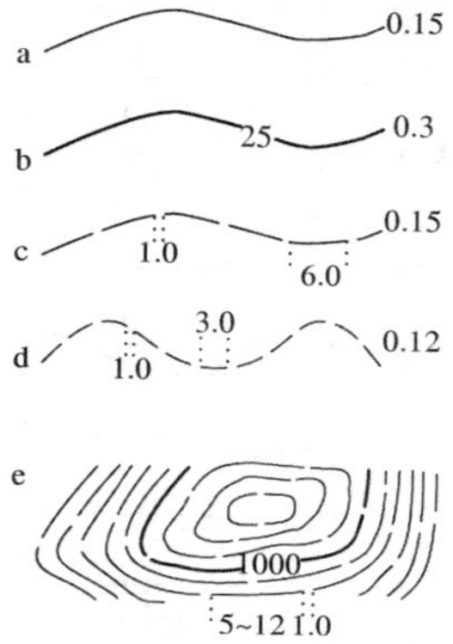 a 0.15 b 25 0.3 c 1.0 6.0 0.15 d 3.0 1.0 0.12 e 1000 5~12 1.0				4.7.1 等高线是地面上高程相等的各相邻点所连成的闭合曲线。等高线分为首曲线、计曲线、间曲线、助曲线、草绘等高线。 a. 从高程基准面起算，按基本等高距测绘的等高线，又称基本等高线。 b. 从高程基准面起算，每隔四条首曲线(当基本等高距采用 2.5 m 时，则每隔三条)加粗一条的等高线，又称加粗等高线。 c. 按二分之一基本等高距测绘的等高线，又称半距等高线。表示时可不闭合，但应表示至基本等高线间隔较小、地貌倾斜相同的地方为止。在表示小山顶、小洼地、小鞍部等地貌形态时，可缩短其实部和虚部的尺寸。 d. 按四分之一基本等高距测绘的等高线，又称辅助等高线，表示时可不闭合。 e. 当地貌测绘的精度不合规范要求时，用草绘等高线，其实部长可视面积大小以 5～12 mm 表示

续表

编号	符号名称	符号样式			符号细部图	简要说明
		1∶500	1∶1 000	1∶2 000		
4.7.1	等高线及其注记 a. 首曲线 b. 计曲线 c. 间曲线 d. 助曲线 e. 草绘等高线 25——高程	a 0.15 b 25 0.3 c 1.0 6.0 0.15 d 1.0 3.0 0.12 e 1000 5~12 1.0				相邻两条等高线间距不应小于 0.3 mm；在等高线比较密的等倾斜地段，当两计曲线间的空白小于 2 mm 时，可间断个别首曲线。 等高线遇到房屋、窑洞、公路、双线表示的河渠、冲沟、陡崖、路堤、路堑等符号时，应表示至符号边线。 单色图上等高线遇到各类注记、独立地物、植被符号时，应间断。 大面积的盐田、基塘区，视具体情况可不测绘等高线。 等高线高程注记应分布适当，便于用图时迅速判定等高线的高程，其字头朝向高处。根据地形情况图上每 100 cm^2 面积内，应有 1～3 个等高线高程注记
4.7.2	示坡线	0.8				4.7.2 指示斜坡降落的方向线，它与等高线垂直相交。 一般应表示在谷地、山头、鞍部、图廓边及斜坡方向不易判读的地方。凹地的最高、最低一条等高线上也应表示示坡线
4.7.3	高程点及其注记 1 520.3、−15.3——高程	0.5 • 1 520.3	• −15.3			4.7.3 根据高程基准面测定高程的地面点。 高程点用 0.5 mm 的黑点表示。独立地物如宝塔、烟囱等的高程均为地物基部的地面高，高程点省略，只在符号旁注记其高程。高程点注记一般注至 0.1 m，1∶500、1∶1 000 地形图可根据需要注至 0.01 m；陆地上低于零米的高程点，应在其注记前加“−”号。 高程点高程注记用正等线体注出。 高程注记点应选在明显地物点或地形特征点上。依据地形类别及地物点和地形点的数量，密度为每 100 cm^2 内 5～20 个

续表

编号	符号名称	符号样式			符号细部图	简要说明
		1∶500	1∶1 000	1∶2 000		
4.7.7	独立石 a. 依比例尺的 b. 不依比例尺的 2.4——比高	a 2.4 b 2.4			2.0 60° 1.0 0.5	4.7.7　地面上长期存在的具有方位意义的较大的独立石块。 能依比例尺表示的应表示其轮廓线，其内配置符号。独立石应标注比高
4.7.16	人工陡坎 a. 未加固的 b. 已加固的	a 2.0 b 3.0				4.7.16　由人工修成的坡度在70°以上的陡峻地段。 图上长度大于5 mm且比高大于0.5 m(2 m等高距图幅大于1 m)时应表示；当比高大于1个等高距时应适当量注比高。符号的上沿实线表示陡坎的上棱线，齿线表示陡坎坡面，符号齿线一般表示到坎脚；陡坎图上水平投影宽度小于0.5 mm时，以0.5 mm短线表示；大于0.5 mm时，依比例尺用长线表示。当坡面有明显坎脚线时，可用地类界表示其坎脚线。 有护栏的陡坎，护栏可与陡坎配合表示
4.8	植被与土质					4.8　植被与土质 包括农林用地、城市绿地及土质等。 同一地段生长有多种植物时，植被符号可配合表示，但不要超过三种(连同土质符号)。如果种类很多，可舍去经济价值不大或数量较少的。符号的配置应与实地植被的主次和稀密情况相适应。 表示植被时，除疏林、稀疏灌木林、迹地、高草地、草地、半荒草地、荒草地等外，一般均应表示地类界。 配置植被符号时，不要截断或压盖地类界和其他地物符号。植被范围被线状地物分割时，在各个隔开部分内，至少应配置一个符号

续表

编号	符号名称	符号样式			符号细部图	简要说明
		1∶500	1∶1 000	1∶2 000		
4.8.9	灌木林 a. 大面积的 b. 独立灌木丛 c. 狭长灌木林	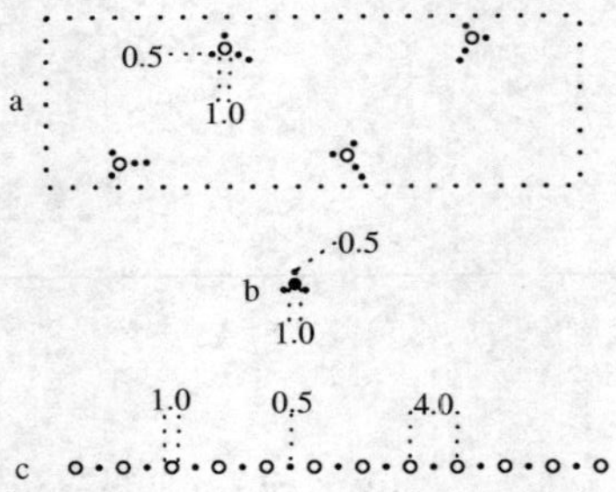 a 0.5 1.0 b 0.5 1.0 c 1.0 0.5 4.0				4.8.9　成片生长、无明显主干、枝叉丛生的木本植物地。 攀援崖边的藤类和矮小的竹类植物亦用灌木林符号表示。 a. 覆盖度在40%以上的灌木林地。在其范围内散列配置符号。 b. 覆盖度在40%以下的灌木林地和杂生在疏林、竹林、草地、盐碱地、沼泽地、沙地内的零星灌木，按实地位置用此符号表示。 c. 沿道路、沟渠分布较长的狭长灌木林用此符号表示，图上长度小于10 mm的用灌木丛符号表示
4.8.15	行树 a. 乔木行树 b. 灌木行树	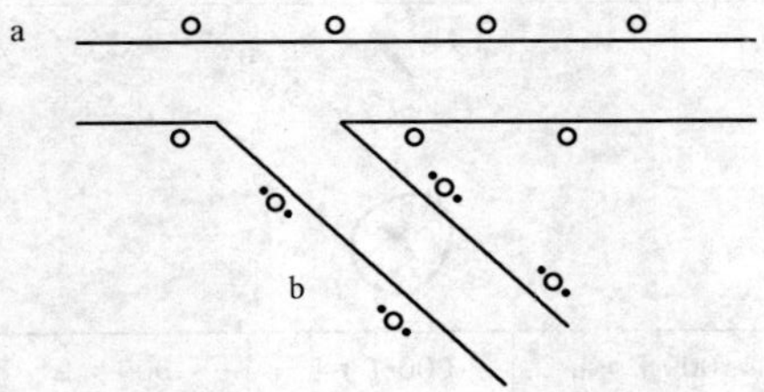 a b				4.8.15　沿道路、沟渠和其他线状地物一侧或两侧成行种植的树木或灌木。 行树两端的树木实测表示，中间配置符号，符号间距可视具体情况略为放大或缩小。凡线状地物两侧的行树，表示时应鳞错排列

续表

编号	符号名称	符号样式			符号细部图	简要说明
		1∶500	1∶1 000	1∶2 000		
4.8.18	草地 a. 天然草地 b. 改良草地 c. 人工牧草地 d. 人工绿地	a 2.0 1.0 10.0 10.0 b 10.0 10.0 c 10.0 10.0 d 1.6 0.8 5.0 10.0			2.0 90°	4.8.18 以生长草本植物为主的、覆盖度在50%以上的地区。 a. 以天然草本植物为主，未经改良的草地，包括草甸草地、草丛草地、疏林草地、灌木草地和沼泽草地。在其范围内整列式配置符号。 b. 采用灌溉、排水、施肥、松耙、补植等措施进行改良的草地。 c. 人工种植的牧场地。 d. 城市中人工种植的绿地
4.8.21	花圃、花坛	1.5 1.5 10.0 10.0				4.8.21 用来美化庭院，种植花卉的土台、花园。 街道、道路旁规划的绿化岛、花坛及工厂、机关、学校内的正规花坛均用此符号表示。符号按整列式配置。有墩台或矮墙的，其轮廓用实线表示

附录2 教学建议

教学建议(1)

——地形图测绘实训

一、实训学时

停课实训2周(10天)

二、借领仪器及工具清单(按组配置)

<table>
<tr><th>序号</th><th>名称</th><th>数量</th><th>备注</th></tr>
<tr><td>1</td><td>全站仪(含三脚架)
棱镜(含三脚架、对中杆)</td><td>1套
2套</td><td>含电池2块,充电器1个</td></tr>
<tr><td>2</td><td>ZDS3水准仪(含三脚架)
双面水准尺(或塔尺)
尺垫</td><td>1套
2根
2个</td><td></td></tr>
<tr><td rowspan="2">3</td><td>GNSS移动站(含手簿)(有条件时)</td><td>1套</td><td>手簿托架1个、对中杆1根、接收天线1个,手机卡(含卡套)1个,2 m或3 m钢卷尺1把,数据传输线1根</td></tr>
<tr><td>GNSS基准站(含脚架、蓄电池、3个连接线、电台)(有条件时)</td><td>1套</td><td>天线(含脚架)1套、基座2个</td></tr>
<tr><td>4</td><td>花杆</td><td>3根</td><td></td></tr>
<tr><td>5</td><td>罗盘仪</td><td>1套</td><td></td></tr>
<tr><td>6</td><td>地形图图式</td><td>1本</td><td>1∶500、1∶1 000、1∶2 000</td></tr>
<tr><td>7</td><td>钢尺(50 m)、皮尺(30 m)</td><td>各1把</td><td></td></tr>
<tr><td>8</td><td>绘图板</td><td>1块</td><td></td></tr>
<tr><td>9</td><td>油漆、毛笔、测钉、红布条、记号笔</td><td>若干</td><td></td></tr>
<tr><td>10</td><td>铁锤</td><td>1把</td><td></td></tr>
<tr><td>11</td><td>背包</td><td>1个</td><td></td></tr>
<tr><td>12</td><td>其他(如绘图纸、坐标纸、计算器、三角板、直尺、分规、草稿纸)</td><td>小组自备</td><td></td></tr>
<tr><td>13</td><td>记录本</td><td>每人1册</td><td></td></tr>
</table>

三、实训具体安排建议

项目	任务	内容	时间/天	实训资料要求
地形图测绘实训	1. 平面控制测量	(1)实训动员、实训安全培训与考核； (2)分组借领仪器、操作训练； (3)编制实训计划	1	(1)实训安全考核试卷； (2)全站仪操作训练记录表(教材表1-3、表1-4)； (3)小组实训计划
		(1)布设测图控制网； (2)平面控制测量(图根导线测量)	2.5	(1)小组控制网草图； (2)小组点之记草图； (3)水平角观测记录计算表； (4)水平距离观测记录计算表； (5)全站仪导线计算表； (6)全站仪三维导线测量记录计算表(选做)
	2. 高程控制测量	(1)完成图根水准测量或四等水准测量； (2)RTK图根控制测量(有条件时做)	1.5	(1)水准仪操作训练记录表(教材表1-9)； (2)水准测量记录表； (3)四等水准测量记录计算表； (4)水准测量成果计算表； (5)坐标转换信息表(选做)； (6)RTK图根控制点记录表(选做)
	3. 地形图测绘	(1)图纸准备； (2)控制点展绘； (3)地形碎部点采集； (4)完成纸质地形图绘制； (5)完成电子地形图(有条件时做)	3	(1)全站仪支导线测量记录计算表(需要时做)； (2)全站仪(或RTK)碎部测量记录表； (3)全站仪(或RTK)碎部测量草图表； (4)RTK地形测量信息表(选做)； (5)纸质地形图； (6)电子地形图(选做)
技能考核	技能操作练习	(1)闭合水准路线测量； (2)全站仪闭合导线测量	1	技能考核表中的表1、表2(记录本中)
考核评价	提交资料	内业设计、整理资料装订	1	(1)每人提交实训记录本1本； (2)每组提交装订好的成果1套
合计	—	—	10	—

四、实训考核

1. 学生成果

(1)实训记录本每人1本(内含原始数据记录与计算表、实训日记、实训总结)。

(2)小组实训成果(每组1套)。

2. 成绩评定

学生实训总成绩＝实训安全考核(10％)＋素质和考勤成绩(10％)＋实训记录本成绩(20％)＋技能考核成绩(40％)＋小组实训成果成绩(20％)。

教学建议(2)

——道路勘测实训

一、实训学时

停课实训2周(10天)。

二、借领仪器及工具清单(按组配置)

序号	名称	数量	备注
1	全站仪(含三脚架) 棱镜(含三脚架、对中杆)	1套 2套	含电池2块，充电器1个
2	GNSS移动站 (含手簿)(有条件时)	1套	手簿托架1个，对中杆1根，接收天线1个，手机卡(含卡套)1个，2 m或3 m钢卷尺1把，数据传输线1根
	GNSS基准站(含脚架、蓄电池、3个连接线、电台) (有条件时)	1套	天线(含脚架)1套，基座2个
3	ZDS3水准仪(含三脚架) 双面水准尺(或塔尺) 尺垫	1套 2根 2个	
4	花杆	3根	
5	罗盘仪	1套	
6	钢尺(50 m)、皮尺(30 m)	各1把	
7	油漆、毛笔、木桩、铁钉、测钉、记号笔	若干	
8	铁锤	1把	
9	背包	1个	
10	方向架	1个	带定向杆
11	其他(如计算器、三角板、直尺、草稿纸)	小组自备	
12	记录本	每人1册	

三、实训具体安排建议

项目	任务	内容	时间/天	实训资料要求
道路勘测	1. 选线与定线	(1)实训动员、实训安全培训与考核； (2)分组借领仪器、操作训练； (3)编制实训计划； (4)选定路线交点； (5)RTK测定交点坐标； (6)平面线形设计	3	(1)实训安全考核试卷； (2)坐标转换信息表； (3)RTK测量交点坐标记录表； (4)路线项目基本信息及技术指标表； (5)直线、曲线及转角一览表； (6)路线平面设计图
	2. 中线放样	(1)计算逐桩坐标表； (2)全站仪中桩放样； (3)RTK中桩放样	2	(1)逐桩坐标表； (2)全站仪中桩放样记录表； (3)切线支距法详细测设平曲线记录计算表； (4)偏角法详细测设平曲线记录计算表； (5)RTK放样设置表； (6)RTK中桩放样检核记录表
	3. 纵断面测量	(1)基平测量； (2)中平测量	1	(1)水准点记录表(基平)； (2)基平水准测量记录计算表； (3)水准测量成果计算表； (4)中平测量记录计算表
	4. 横断面测量	(1)RTK横断面测量； (2)传统方法横断面测量	1	横断面测量记录表
	5. 内业设计	(1)纵断面设计； (2)横断面设计	1	(1)路线纵断面设计图； (2)路基设计表； (3)超高方式图(如有)； (4)路基横断面设计图； (5)路基土石方数量计算表
技能考核	操作训练	(1)支水准路线测量； (2)全站仪坐标放样	1	技能考核表中的表3、表4(记录本中)
考核评价	提交资料	资料整理、装订	1	(1)每人提交实训记录本1本； (2)每组提交装订好的成果1套
合计	—	—	10	—

四、实训考核

1. 学生成果

(1)实训记录本每人1本(内含原始数据记录与计算表、实训日记、实训总结)。

(2)小组实训成果(每组 1 套)，装订顺序如下：

1)封面；

2)目录；

3)设计说明书；

4)路线平面设计图；

5)直线、曲线及转角一览表；

6)逐桩坐标表；

7)路线纵断面设计图；

8)路基设计表；

9)超高方式图；

10)路基标准横断面设计图；

11)路基横断面设计图；

12)路基土石方数量计算表。

2. 成绩评定

学生实训总成绩＝实训安全考核(10%)＋素质和考勤成绩(10%)＋实训记录本成绩(20%)＋技能考核成绩(40%)＋小组实训成果成绩(20%)。

教学建议(3)

——工程测量综合实训

一、实训学时

连续停课实训 3 周(15 天)或 4 周(20 天)。

二、借领仪器及工具清单(按组配置)

序号	名称	数量	备注
1	全站仪(含三脚架) 棱镜(含三脚架、对中杆)	1 套 2 套	含电池 2 块，充电器 1 个
2	GNSS 移动站(含手簿)(有条件时)	1 套	手簿托架 1 个，对中杆 1 根，小天线 1 个，手机卡(含卡套)1 个，5 m 小钢尺 1 把，数据传输线 1 根
	GNSS 基准站(含脚架、蓄电池、3 个连接线、电台)(有条件时)	1 套	天线(含脚架)1 套，基座 2 个
3	ZDS3 水准仪(含三脚架) 双面水准尺(或塔尺) 尺垫	1 套 2 根 2 个	
4	花杆	3 根	
5	罗盘仪	1 套	
6	地形图图式	1 本	1∶500、1∶1 000、1∶2 000

续表

序号	名称	数量	备注
7	钢尺(50 m)、皮尺(30 m)	各1把	
8	绘图板	1块	
9	油漆、毛笔、木桩、铁钉、测钉、红布条、记号笔	若干	
10	铁锤	1把	
11	背包	1个	
12	方向架	1个	带定向杆
13	其他(如绘图纸、坐标纸、计算器、三角板、直尺、分规、草稿纸)	小组自备	
14	记录本	每人1册	

三、实训具体安排建议

项目	任务	内容	时间/天		实训资料要求
			3周	4周	
地形图测绘	1. 平面控制测量	(1)实训动员、实训安全培训及考核； (2)分组借领仪器、操作训练； (3)编制实训计划	1	1	(1)实训安全考核试卷； (2)全站仪操作训练记录表(教材表1-3、表1-4)； (3)小组实训计划
		(1)布设测图控制网； (2)平面控制测量(图根导线测量)	1	2	(1)小组控制网草图； (2)小组点之记草图； (3)水平角观测记录计算表； (4)水平距离观测记录计算表； (5)全站仪导线计算表； (6)以坐标为观测量的导线测量记录计算表(选做)
	2. 高程控制测量	完成图根水准测量或四等水准测量	1	1	(1)水准仪操作训练记录表(教材表1-9)； (2)水准测量记录表； (3)四等水准测量记录计算表； (4)水准测量成果计算表
	3. 地形图测绘	(1)图纸准备； (2)控制点展绘； (3)地形碎部点采集； (4)完成纸质地形图绘制； (5)完成CAD电子地形图	3	4	(1)全站仪支导线测量记录计算表(需要时做)； (2)全站仪碎部测量记录表； (3)全站仪碎部测量草图表； (4)纸质地形图； (5)CAD电子地形图(选做)

续表

项目	任务	内容	时间/天		实训资料要求
			3周	4周	
道路勘测	1. 现场定线	(1)选定路线交点； (2)平面线形设计	2	2	(1)路线平面设计图； (2)直线、曲线及转角一览表
	2. 中线测量	(1)计算逐桩坐标表； (2)全站仪中桩放样	2	3	(1)逐桩坐标表； (2)中柱放样记录； (3)切线支距法详细测设平曲线记录计算表； (4)偏角法详细测设平曲线记录计算表
	3. 纵断面测量	(1)基平测量； (2)中平测量； (3)绘制纵断面地面线	1	1	(1)基平水准点表； (2)基平水准测量记录计算表(同前)； (3)水准测量成果计算表(同前)； (4)中平测量记录计算表； (5)路线纵断面地面线图
	4. 横断面测量	(1)横断面测量； (2)绘制横断面地面线	1	1	(1)横断面测量记录表； (2)横断面地面线图
技能考核	1. 理论复习 2. 操作练习	(1)复习题练习； (2)4项操作训练	2	3	(1)完成复习题 (2)技能考核表中的表1～表4(记录本中，选考2项)
考核评价	提交资料	(1)内业设计； (2)资料整理装订	1	2	(1)每人提交实训记录本1本； (2)每组提交装订好的成果1套
合计	—	—	15	20	—

四、实训考核

1. 学生成果

(1)实训记录本每人1本(内含原始数据记录与计算表、实训日记、实训总结)。

(2)小组实训成果(每组1套)。

1)大比例尺地形图(纸质或电子图)。

2)路线平面设计图(A3纸)、路线纵断面图、横断面图(坐标纸)。

2. 成绩评定

学生实训总成绩＝实训安全考核(10％)＋素质和考勤成绩(10％)＋实训记录本成绩(20％)＋技能考核成绩(40％)＋小组实训成果成绩(20％)。

参考文献

[1] 中华人民共和国住房和城乡建设部．GB 50026—2020 工程测量标准[S]. 北京：中国计划出版社，2020.

[2] 国家测绘局．CH/T 2009—2010 全球定位系统实时动态测量(RTK)技术规范[S]. 北京：测绘出版社，2010.

[3] 中华人民共和国国家质量监督检验检疫总局，中国国家标准化管理委员会．GB/T 20257.1—2017 国家基本比例尺地图图式　第 1 部分：1∶500　1∶1 000　1∶2 000 地形图图式[S]. 北京：中国标准出版社，2017.

[4] 中华人民共和国交通运输部．JTG B01—2014 公路工程技术标准[S]. 北京：人民交通出版社，2014.

[5] 中华人民共和国交通运输部．JTG C10—2007 公路勘测规范[S]. 北京：人民交通出版社，2007.

[6] 中华人民共和国交通运输部．JTG/T C10—2007 公路勘测细则[S]. 北京：人民交通出版社，2007.

[7] 中华人民共和国交通运输部．JTG D20—2017 公路路线设计规范[S]. 北京：人民交通出版社，2017.

[8] 冯大福，吴继业. 数字测图[M]. 3 版．重庆：重庆大学出版社，2010.

[9] 赵玉肖，吴聚巧. 工程测量[M]. 2 版．北京：北京理工大学出版社，2019.

[10] 许金良，等．道路勘测设计[M]. 5 版．北京：人民交通出版社，2018.

[11] 陈方晔，李绪梅. 公路勘测设计[M]. 4 版．北京：人民交通出版社，2018.

[12] 谢晓莉，彭余华．道路勘测设计实习指导手册[M]. 北京：人民交通出版社，2016.